钢纤维粉煤灰自密实混凝土物理力学和耐久性能研究

海 然 著

中国建筑工业出版社

图书在版编目（CIP）数据

钢纤维粉煤灰自密实混凝土物理力学和耐久性能研究 /
海然著 . —— 北京 ：中国建筑工业出版社，2024. 10.
ISBN 978-7-112-30515-5

Ⅰ. TU528.01

中国国家版本馆 CIP 数据核字第 2024NJ1692 号

本书针对自密实混凝土开展了物理力学性能和耐久性能研究，以坍落扩展度、T_{500} 和 J 环扩展度作为工作性能测试指标，制备高掺量粉煤灰自密实混凝土、钢纤维增强自密实混凝土和钢纤维增强高掺量粉煤灰自密实混凝土，研究粉煤灰掺量和钢纤维体积分数对三种自密实混凝土工作性能、干燥收缩性能、基本力学性能和轴压变形性能的影响规律；通过氯离子渗透试验、碳化试验、硫酸盐侵蚀试验和带切口梁的三点弯曲断裂试验以及微观扫描电镜和压汞试验来研究粉煤灰取代率和钢纤维掺量对自密实混凝土抗渗性、抗碳化和硫酸盐侵蚀性能的影响以及硫酸盐侵蚀作用下断裂力学性能的影响并分析作用机理，研究成果可为工程应用提供理论支撑。

责任编辑：王华月　张　磊
责任校对：赵　力

钢纤维粉煤灰自密实混凝土物理力学和耐久性能研究
海　然　著

*

中国建筑工业出版社出版、发行（北京海淀三里河路9号）
各地新华书店、建筑书店经销
北京光大印艺文化发展有限公司制版
建工社（河北）印刷有限公司印刷

*

开本：787毫米×1092毫米　1/16　印张：8½　字数：151千字
2024年10月第一版　　2024年10月第一次印刷
定价：**48.00**元
ISBN 978-7-112-30515-5
（43749）

前 言
FORWARD

　　自密实混凝土（简称 SCC）是一种绿色高性能混凝土，具有高流动性、均匀性和稳定性的特点，浇筑时能够依靠自重流动并充满模板空间，因其良好的工作性而被广泛应用。与普通混凝土相比，SCC 的水胶比低、砂率、水泥和外加剂用量大，造成其水化热高、收缩大、成本高等弊端。采用粉煤灰和钢纤维共同改性 SCC，一方面能够改善 SCC 的物理力学性能和经济性，另一方面可以提高 SCC 的变形性能、断裂韧性和耐久性能，同时符合绿色建筑材料的发展理念。

　　本书以坍落扩展度、T_{500} 和 J 环扩展度作为工作性能测试指标，制备高掺量粉煤灰 SCC（简称 FA-SCC）、钢纤维增强 SCC（简称 SF-SCC）和钢纤维增强高掺量粉煤灰 SCC（简称 SFFA-SCC），研究粉煤灰掺量和钢纤维体积分数对三种 SCC 工作性能、干燥收缩性能、基本力学性能和轴压变形性能的影响规律；通过氯离子渗透试验、碳化试验、硫酸盐侵蚀试验和带切口梁的三点弯曲断裂试验以及微观扫描电镜和压汞试验来研究粉煤灰取代率和钢纤维掺量对 SCC 抗渗性、抗碳化和硫酸盐侵蚀性能的影响以及硫酸盐侵蚀作用下断裂力学性能的影响并分析作用机理。

　　FA-SCC 的流动性和填充性随粉煤灰掺量增加呈先降后增的趋势，间隙通过性变化不显著，抗离析性均满足规范要求。SF-SCC 的流动性、填充性、间隙通过性均随钢纤维体积分数增加而降低，抗离析性逐渐增强。SFFA-SCC 的工作性随钢纤维体积分数的增加逐渐降低，随粉煤灰掺量的增加得到改善。三种 SCC 的早期干燥收缩幅度较明显，后期收缩幅度降低，钢纤维体积分数的改变对 SCC 的干缩率有一定的抑制作用。

FA-SCC 的抗压强度和弹性模量随粉煤灰掺量增加均呈先增后减的趋势，弯拉强度明显降低，粉煤灰取代部分水泥后能够改善 FA-SCC 轴压条件下的应变能和相对韧性。钢纤维对 SF-SCC 抗压强度的影响不明显，但能显著改善其弯拉强度和轴压变形性能。粉煤灰取代部分水泥后明显降低 SFFA-SCC 的抗压强度和弹性模量，钢纤维对 SFFA-SCC 抗压强度的影响不明显，但显著改善了 SFFA-SCC 的弯拉强度，而弹性模量随钢纤维体积分数的增加基本呈先增后减的趋势。

SCC 电通量随粉煤灰取代率的增加呈先下降后升高趋势；压汞试验表明综合分析孔结构分形维数和孔隙连通性更能准确预测 SCC 的抗氯离子渗透性能；SCC 的碳化深度与碳化龄期的增长呈正相关，其增长速率随碳化龄期的增长而减缓，且随粉煤灰取代率的增加而增加；碳化后，抗压强度先降低后升高，抗压强度最低值出现时间随粉煤灰掺量增加而提前。SCC 抗硫酸盐侵蚀性能评价指标随粉煤灰掺量和侵蚀次数的增加先升高后降低，钢纤维的掺入优化了 SCC 抵抗侵蚀的能力，且优化效果随钢纤维掺量的增加而升高。

硫酸盐侵蚀前，SCC 断裂韧度和峰值荷载随粉煤灰和钢纤维掺量的增加先降低后增加；临界开口位移和断裂能随粉煤灰掺量的增加先降低后增加，随钢纤维掺量的增加而增加。侵蚀 30 次后，断裂性能参数均随粉煤灰掺量的增加先增加后降低，随钢纤维掺量的增加而增加。断裂韧度和峰值荷载经硫酸盐侵蚀后先增加后降低，变化速率随粉煤灰和钢纤维掺量的增加先增加后降低；断裂能和临界开口位移经硫酸盐侵蚀后均下降，下降速率随粉煤灰的升高先减缓后加快，随钢纤维的升高而持续加快。

绿色低碳自密实混凝土的发展日新月异，由于作者水平有限，难免存在谬误之处，敬请读者指正。

目 录
CONTENTS

第 1 章

绪论

1.1 研究背景及意义

近年来，随着建筑行业的高速发展，一些结构造型美观且设计良好的建筑层出不穷，为满足建筑物的外观要求，其结构设计逐渐呈现复杂化趋势，截面尺寸小、配筋密集、薄壁结构等比比皆是。SCC 具有高流动性、均匀性和稳定性，浇筑时无需外力振捣就能够在自重作用下流动并充满模板空间，因其良好的工作性而被广泛应用于形状复杂、配筋密集的结构，其在施工过程中所表现的明显优越性受到了工程师们的青睐。使用 SCC 不仅可以浇筑结构复杂的工程，还可以通过其良好的密实性保证混凝土的表面质量，从而改善混凝土硬化后的力学性能和耐久性。此外，SCC 还具有可以减小建筑施工环境噪声，保障周围居民和建筑工人生活工作环境，避免施工工人因长期手持振捣器导致的"手臂振捣综合征"等优势，符合当今社会所提倡的"以人为本"的发展理念。

目前，为了满足 SCC 工作性的要求，在原材料组成上，与相同强度等级的普通混凝土相比，SCC 具有水胶比低、砂率和外加剂用量大的特点。然而，水泥的大量使用不仅造成混凝土成本高，水化热大，收缩现象严重等一系列问题，而且对环境的污染问题也是不容忽视的。解决这一问题的有效途径是采用优质的矿物掺合料（如粉煤灰、粒化高炉矿渣等）作为补充胶凝材料取代部分水泥制备 SCC。粉煤灰作为燃煤电厂排出的主要固体废弃物，其资源丰富，价格低廉，深受研究者们的喜爱，粉煤灰的球形颗粒形貌可以改善混凝土的工作性，其火山灰效应和填充效应能够提高混凝土的均质性和密实性，从而在一定程度上改善混凝土的物理力学性能和耐久性能。此外，粉煤灰的资源化利用，不仅可以解决我国电力生产所面临的环境污染与资源浪费问题，而且能够减少水泥生产所带来的环境污染问题。因此，在配制 SCC 时用粉煤灰替代部分水泥，既能够节资、节能，还有利于实现混凝土行业绿色、环保的高性能混凝土发展目标。

与传统振捣混凝土一样，SCC 也存在脆性问题，纤维改性是改善混凝土脆性的有效方法之一，国内外学者对此进行了大量的研究，并在增韧效果和机理方面取得了阶段性的成果。钢纤维与 SCC 的细观复合，改变了 SCC 的组成结构，充分发挥钢纤维对 SCC 的阻裂、增强和增韧作用，在一定程度上改善了 SCC 的脆性问题。在外加荷载作用下，SCC 基体与钢纤维的受力变形是不同步的，沿钢纤维表面产生一定的剪力，而且在钢纤维周围的界面薄弱区容易形成连续裂缝，钢纤维在 SCC 内部的三维乱向分布和相互搭接作用，能够桥联裂缝，阻碍裂缝扩展，从而起到增强增韧的效果。尽管钢纤维 SCC 研究已趋于成熟化，为其工程应用奠定理论基础，但其在实际工程中的应用依然较少。产生这种现象的原因可以归因于以下两个方面：一是钢纤维的掺入降低了 SCC 的工作性，其水胶比小，拌合物黏性大，钢纤维掺入后拌合物流动性显著下降，因此提高钢纤维 SCC 工作性是一个紧迫的现实研究课题；二是钢纤维造价成本高，易腐蚀的弊端直接影响 SCC 的成本高低和质量好坏，降低其成本，并保证其质量是使其广泛应用于实际工程的现实条件。

粉煤灰在 SCC 中的应用，不仅能够改善 SCC 的工作性，而且可以提高 SCC 的密实性。钢纤维的引入虽然降低了 SCC 的工作性，但钢纤维的增强阻裂作用能够显著改善 SCC 的弯拉强度和韧性。结合粉煤灰与钢纤维的双重优势制备 SFFA-SCC，不仅能够解决 FA-SCC 和 SF-SCC 研究所存在的弊端，而且可以促进绿色建筑材料的发展应用，并为建筑材料行业的可持续发展作出贡献。

1.2　国内外研究现状

1.2.1　SCC 研究现状

20 世纪 80 年代后期，日本遇到的混凝土结构耐久性以及因技术工人数量减少而引起混凝土的质量下降等问题，东京大学学者 Okamura 于 1986

年首次提出 SCC 的概念，随后东京大学的 Ozawa 等开展了 SCC 的研究。1988 年，东京大学第一次用普通材料配制出了 SCC。国内对 SCC 的研究与应用开始于 20 世纪 90 年代初期，实际上，国内学者早在 1987 年就提出了流态混凝土概念，奠定了这一研究的基础。

（1）工作性能研究

祝雯等通过研究原材料组分和配合比参数对 SCC 工作性能的影响发现，砂率是影响拌合物均质性和填充性的重要因素，矿物掺合料影响新拌混凝土的流动性和黏聚性，增大水胶比降低了拌合物黏度，聚羧酸系高效减水剂是制备 SCC 的理想外加剂。徐杰等研究发现，增加胶凝材料用量，降低了 SCC 拌合物的塑性黏度，提高了其流动速度和钢筋间隙通过性能。刘焕强等研究显示，减小粗骨料颗粒尺寸，合理的集配和颗粒形态能够改善 SCC 工作性能。徐卢俊等对比研究了 SCC 工作性能的数值模拟结果和试验结果，研究显示：SCC 的坍落度试验、L 型流动仪试验的试验结果与数值模拟结果相关性较好。李宁等发现，水胶比和减水剂掺量是影响 SCC 流动性和黏聚性及抗离析性的主要因素，SCC 拌合物的快速稳定性试验是检测工作性能的一个适用方法。侯景鹏等详细分析了 SCC 工作性能的几种测试方法，并给出了具体的控制指标范围。

综上所述，SCC 工作性能影响因素众多，原材料组分及颗粒尺寸形貌、外加剂种类及掺量、配合比参数等均影响 SCC 拌合物工作性。目前，SCC 拌合物工作性能研究主要集中于试验研究，但试验方法没有统一标准，且数值模拟研究较少。此外，为了解 SCC 拌合物各组分间的相互作用及拌合物工作性作用机理，必须从流变学模型入手，建立其流变特性和工作性能参数的关系，从而深入理解新拌混凝土工作性能。

（2）收缩性能研究

"低水胶比＋高胶凝材料用量＋高砂率"的组成特点造成了 SCC 收缩大、体积稳定性差等问题。祝雯研究表明，水胶比大的 SCC 在早期干燥条件下表现出易于开裂的特征。李书进等采用非接触法研究了 HCSA 型膨胀剂对 SCC 早期收缩性能的影响，结果表明，膨胀剂的掺入能够改善 SCC 的早期收缩变形。Bocciarelli 等对比研究普通振捣混凝土和 SCC 收缩性能发现，SCC 具有较高的收缩率。Popple 等进行了大量 SCC 收缩性能研究，结果表明，仅增加水胶比将导致 SCC 的收缩增大，并且由于 SCC 粉体含量较高，故其收缩性能还与水粉比大小有关。Loser 等研究显示，SCC 浆体体积含量对其收缩性能有显著影响，由于浆体含量的增加，导致 SCC 比普通混凝土具有更大的收缩变形。

尽管 SCC 收缩性能研究已取得了阶段性研究进展，但是还没有建立起相关研究的系统化联系。因此，关于 SCC 收缩变形与其原材料组分和各配合比参数之间的具体关系仍是一个重要的研究课题。

（3）力学性能研究

SCC 与普通混凝土在原材料组成成分及配合比设计上存在显著差异，研究其力学性能是必要的。殷艳春等研究表明 SCC 抗压强度随胶凝材料用量、减水剂掺量、水胶比的增大均呈现先增后降的趋势，随着砂率的增加，其抗压强度降低。徐欢等以粗骨料形状指数和颗粒级配为变量，研究了粗骨料对 SCC 抗压强度的影响，结果显示，粗骨料形状指数和颗粒级配对其 7d 抗压强度的影响要略大于对其 28d 强度的影响。刘勇研究显示，在未掺入矿物掺合料的条件下，低强度 SCC 抗压强度随石子用量的减少呈先增后减的变化趋势；而高强度 SCC 抗压强度随石子用量的减少基本呈下降的趋势。孟志良等利用最小二乘法分析了低强度等级 SCC 的轴心抗压强度、劈裂抗拉强度和弹性模量与立方体抗压强度之间的线性相关关系，与相同强度等级普通混凝土相比，SCC 轴心抗压强度、劈裂抗拉强度和弹性模量均偏高。李化建等研究表明，相同强度等级 SCC 的抗折强度较普通混凝土高，但弹性模量较普通混凝土低，随着抗压强度的增大，弹性模量的降低趋势逐渐减小。刘斯凤等以 C30 级 SCC 为对象，研究了聚羧酸高效减水剂、萘系减水剂、木钠减水剂过量掺加对其力学性能的影响，结果显示：3 种减水剂过量掺加均会降低 C30 级 SCC 抗压强度、轴心抗压强度和弹性模量。孟志良等研究了膨胀剂掺量对 SCC 力学性能的影响，结果表明：掺入膨胀剂可以在一定程度上改善 SCC 的力学性能，抗压强度、轴心抗压强度和劈裂抗拉强度随膨胀剂掺量的增加均先提高后降低，且存在峰值，但其弹性模量没有明显的变化规律。胡琼等对 SCC 应力－应变全曲线的分析发现，和普通混凝土相比，SCC 轴心受压时的峰值应变和极限应变均大，但弹性模量比普通混凝土低 15% 左右。金南国等基于双 K 断裂参数模型的三点弯曲梁试验，研究了 SCC 的断裂性能，结果表明，SCC 的断裂性能低于相同强度等级普通混凝土，其断裂参数和抗压强度之间存在近似线性关系。

Felekoglu 研究发现，降低游离水含量对 SCC 抗压强度发展更显著，并且由于 SCC 砂率大，粗骨料体积含量比普通混凝土小，导致 SCC 弹性模量也比普通混凝土低。文献［26］和 Domone 研究均表明，SCC 的抗拉强度高于普通混凝土。Aslani 基于 Carreira 和 Chu 应力－应变模型，通过对曲线上升段和下降段的多次修改建立了和试验结果相吻合、能准确预测应力－应变曲线上升段且在最小偏差范围内预测下降段的应力－应变模型。Alyhya 等通过研究粗骨料体积对 SCC 断裂性能影响发现，SCC 断裂能和临界裂缝开口与粗集料体积率有关，粗骨料体积越大，SCC 韧性和临界裂缝宽度越大，然而，随着 SCC 强度等级增大，其韧性越大，临界裂缝宽度越小。

综上所述，SCC 力学性能的研究已经取得可喜进展。然而，关于这些研究主要是集中于 SCC 的基本力学性能，如抗压、抗拉、抗折强度和弹性模量，而对 SCC 轴压变形和断裂力学性能的研究相对较少，SCC 在不同荷载作用下的应力－应变全曲线特性和变形性能的研究是值得重视的。

1.2.2 粉煤灰 SCC 研究现状

SCC 的水泥用量大，造成了水化热高，收缩大，环境污染严重等问题，采用粉煤灰作为补充胶凝材料取代部分水泥制备 SCC，能够改善 SCC 拌合物的工作性和硬化后的力学性能，还可以减少环境污染，降低混凝土成本。目前，为响应国家绿色环保的发展理念，研究节能、环保、绿色的高性能混凝土是建筑材料行业的必然选择，粉煤灰 SCC 是一种名副其实的新型绿色高性能混凝土。

（1）工作性能研究

粉煤灰表观密度比水泥小，取代相同体积水泥可以增大体系粉体含量，其球形颗粒形貌可以降低体系间的相互摩擦，从而改善 SCC 的流动性。黄维蓉等研究了粉煤灰掺量对 C30 级 SCC 工作性影响，发现随着粉煤灰掺量（掺量为 0~45%）的增加，SCC 的流动性、间隙通过性和填充性呈先增加后减小的趋势，粉煤灰掺量 35% 的拌合物工作性最佳。顾晓彬等研究了粉煤灰－矿粉胶凝体系对 CRTS Ⅲ 型板 SCC 流动性、间隙通过性、填充性影响，结果表明粉煤灰－矿粉胶凝体系可提高 SCC 的黏度，而且粉煤灰良好的微集料效应在提高黏度的同时降低了 SCC 的用水量，从而在一定程度上增大其扩展度，减小 T_{500} 时间。徐仁崇和 Celik 等研究了粉煤灰－石灰石粉胶凝材料体系 SCC 的工作性，结果表明拌合物的流动性随粉煤灰掺量的增加得到改善。Matos 等的研究结果表明粉煤灰可改善拌合物的工作性能，尤其当粉煤灰掺量为 50% 和 60% 时，拌合物的黏度降低，间隙通过性得到改善，且减少了高效减水剂的用量；而且颗粒较细的粉煤灰对提高 SCC 的稳定性最有效。Jalal 等对比研究了胶凝材料总量分别为 400kg/m³ 和 500kg/m³，粉煤灰掺量为 5%、10%、15% 的 SCC 拌合物工作性，结果表明由于粉煤灰的球形颗粒形貌改善了 SCC 的流动性，所有配合比条件下 SCC 坍落扩展度均在 750～910mm，T_{500} 均小于 2.4s，V 形漏斗的流动时间在 2.5～12s。Dinakar 等的研究结果表明，SCC 坍落扩展度随粉煤灰掺量（掺量 10%～70%）的增加呈先增后减的趋势，掺量 70% 时，坍落扩展度较掺量 50% 时有略微的下降，T_{500} 和 V 形漏斗流动时间随粉煤灰掺量的变化不明显，粉煤灰掺量 30%、50%、70% 的 L 型流动仪的测试结果均大于 0.8，掺量 10% 的测试结果小于 0.8，但仍满足其自密实的性能。

综上所述，粉煤灰取代水泥可明显改善 SCC 拌合物的工作性，掺入量的变化对工作性影响规律的研究结果存在一定差异。粉煤灰改善其工作性能的机理主要归因于以下三个方面：一是粉煤灰中含有很多表面光滑且质地致密的玻璃微珠，能够起到减水作用，可以促进初期水泥水化的解絮作用，改变拌和物的流动性；二是由于粉煤灰的球形颗粒形貌，可以减小骨料颗粒间的相互摩擦作用，起到良好的滚珠润滑作用，从而改善 SCC 的工作性；三是由于粉煤灰的表观密度明显低于水泥，取代相同质量的水泥时引起 SCC 体系中的微细粉体体积相应增加，提高了骨料颗粒之间的润滑作用。

（2）收缩性能研究

粉煤灰一方面可以改善 SCC 的工作性，另一方面会对硬化混凝土的收缩变形产生一定抑制作用。崔海霞研究表明中低强度等级 SCC 的收缩值随着粉煤灰掺量的增加而减小。王国杰等的研究发现粉煤灰掺量对干燥收缩和自收缩的影响不太显著，随着粉煤灰掺量的增加，各龄期的自收缩值有下降的趋势，且掺量较大时下降幅度较明显。Kristiawan 等研究了掺入粉煤灰对 SCC 收缩性能的影响，研究结果显示用粉煤灰取代水泥降低了 SCC 的干燥收缩和自收缩，其中早期收缩值较大，90d 后干燥收缩小于自收缩。Abdalhmid 等的研究结果表明，SCC 的长期干缩应变比普通混凝土高 10%～15%，掺入 40% 和 60% 粉煤灰可显著降低 SCC 的干缩应变。Khatib 的研究结果显示，SCC 的收缩随粉煤灰掺量增加线性减小，当粉煤灰掺量为 80% 时收缩率降低 2/3。Güneyisi 等和 Sahmaran 等与文献［41］的研究结果相近，SCC 的干缩率随粉煤灰掺量的增加而降低，且降低幅度明显。

上述研究表明，掺入粉煤灰能在不同程度上降低 SCC 的收缩变形。这主要由于粉煤灰取代水泥后，SCC 体系中的水泥用量减少，水泥水化引起的早期收缩相应降低。同时，粉煤灰与 CH 的二次水化反应产物（水化硅酸钙凝胶和水化铝酸钙凝胶）填充于混凝土的毛细孔中，改善了体系内部的孔结构，混凝土的总孔隙率降低，孔结构分布更加合理，减少了混凝土内部水分蒸发与传输路径，从而降低了 SCC 的收缩。

（3）力学性能研究

周玲珠等研究发现 SCC 的 7d 抗压强度随粉煤灰掺量（掺量为 40%～65%）的增加线性减小，当粉煤灰掺量大于 50% 时，7d、28d、56d 抗压强度与粉煤灰掺量线性相关程度极高。文献［34，35，45～48］的研究表明，粉煤灰对 SCC 早期抗压强度影响较大，且抗压强度随掺量的增加而降低，但 SCC 后期抗压强度的降低幅度得到改善。Jawahar 等对粉煤灰掺量 35% 的 SCC 进行微观和宏观分析，认为粉煤灰的火山灰反应减小了 SCC 的微观裂缝和钙硅比，改善了 SCC 的微观性能，使其更加密实，从而使其抗压强度高于普通混凝土抗压强度。Wongkeo 等研究了粉煤灰掺量对 SCC 抗压强度的影响，结果表明由于粉煤灰的低火山灰效应，高掺量粉煤灰（掺量 50%～70%）SCC 抗压强度在所有测试龄期均低于纯水泥配制的 SCC。

Jalal 等研究表明，当粉煤灰掺量低（掺量 5%～15%）时，SCC 的劈裂抗拉强度随粉煤灰掺量增加而减小，这是由于粉煤灰掺量增加降低了水泥水化产生的 CH 晶体和 C-S-H 凝胶含量。文献［36］研究结果表明，和粉煤灰掺量 50% 和 70% 的 SCC 相比，掺量 10% 和 30% 的劈裂抗拉强度较高，这是由于粉煤灰掺量低于 30% 对骨料和砂浆界面的粘结作用有积极影响，随着粉煤灰掺量增加到 50% 和 70%，这种界面粘结作用减弱。文献［35］研究结果表明，随粉煤灰掺量的增加，SCC 的早期抗折强度降低，但在养护龄期达到 90d 时，粉煤灰掺量 15% 的抗折强度在胶凝材料为 400kg/m³ 和 500kg/m³ 的情况下分别提高了 1.8% 和 5.0%。Kuder 等研究了粉煤灰对 SCC 弹性模量的影响，结果表明：随着粉煤灰掺量的增加，56d 内弹性模量逐渐增加，超过 56d 的弹性模量基本没有变化。文献［49］研究结果表明，SCC 的 28d 弹性模量低于普通混凝土，但在 56d 和 112d 弹性模量值得到明显改善，甚至在 112d 弹性模量高于普通混凝土。Kristiawan 等的研究表明大掺量粉煤灰作为补充胶凝材料掺入 SCC 中大幅度降低了混凝土的徐变，当粉煤灰掺量从 35% 增加到 55%～65% 时，SCC 的徐变降低 50%～60%。刘运华对比研究了小掺量粉煤灰 SCC（掺量为 25%）与普通混凝土棱柱体受压应力 – 应变曲线，试验结果显示，粉煤灰 SCC 与普通混凝土应力 – 应变曲线接近，极限应变较小。

综上所述，粉煤灰 SCC 力学性能的研究主要集中在对抗压强度的影响，而对其他力学性能影响规律的研究相对较少。粉煤灰的掺入会降低 SCC 的力学性能，随着粉煤灰掺量的增加，混凝土力学性能降低幅度更明显，随着龄期的增加，力学性能降低幅度得到一定程度的改善。粉煤灰掺量对 SCC 力学性能的影响机理主要归因于两个方面：一是随着粉煤灰的掺入，体系的水泥用量减少，水泥水化产生的 C-S-H 凝胶和 CH 晶体的含量降低，从而劣化了混凝土的力学性能；二是随着养护龄期的增加，粉煤灰与水泥水化所生成的 CH 进行二次水化反应，生成了水化硅酸钙、铝酸钙凝胶，改善了混凝土体系的微观结构，使其更加密实，从而在一定程度上改善了 SCC 的力学性能。

1.2.3　钢纤维增强 SCC 研究现状

SCC 因其较好的工作性能受到工程界的欢迎，为获得高流动性而使用较多胶凝材料引起了 SCC 早期收缩大，容易开裂等一系列问题，同时，SCC 也存在与普通混凝土类似的抗折强度和韧性不足的问题。纤维改性是解决 SCC 物理力学性能的有效途径之一。然而，纤维的加入会在一定程度上降低 SCC 的工作性能，如何在保证流动性的前提下改善 SCC 力学性能和收缩性能是目前学者们研究的热门课题之一。

（1）工作性能研究

张春晓等通过试验研究了钢纤维长度和掺量对SCC流动性、分散均匀性的影响，结果表明，随着钢纤维掺量增大，相同长度钢纤维拌合物的流动性降低，分散均匀性也基本良好；当钢纤维掺量相同时，长度的变化主要影响其分散均匀性，对流动性影响不明显。赵燕茹等研究显示，钢纤维的掺入降低了SCC的工作性能，且掺量越高，工作性能越差。周世康等研究表明，SCC填充性随钢纤维掺量变化不明显，具有一定的波动性；由于试验所选用的钢纤维掺量较小，对填充性和间隙通过性的变化较小，可以考虑为误差影响；抗离析性随钢纤维掺量增加呈现先降低后升高的变化趋势。王冲等研究了钢纤维掺量（0.3%、0.6%、0.9%）对高强度等级SCC工作性能的影响，研究结果显示，钢纤维的加入降低了混凝土工作性能，仅有掺量0.3%满足SCC工作性能要求。Sulthan等研究了端钩型钢纤维掺量（0.50%、0.75%、1.00%）和端钩类型（3D，4D，5D）对SCC工作性的影响，结果表明，钢纤维的掺入降低了工作性，其中钢纤维体积掺量主要通过增加新拌混凝土黏性来降低工作性，而端钩类型能够增加混凝土间的摩擦阻力，从而降低工作性。Nehme和Akcay的研究也进一步表明，钢纤维的加入确实能够降低SCC工作性。

上述研究表明，掺入钢纤维降低了SCC工作性能，钢纤维的类型和体积掺量对其工作性的影响各不相同，钢纤维掺量过大可能造成SCC工作性能不满足相关规范要求。钢纤维降低SCC工作性能的影响机理可归因于以下两个方面：一是掺入钢纤维后，新拌SCC体系用于包裹骨料和纤维的浆体增多，导致其体系内部自由砂浆含量减少，增大了流动时的内应力和黏度；二是随着钢纤维体积分数的增加，SCC体系内的纤维根数也在增加，钢纤维的三维乱向分布和相互搭接现象更加明显，钢纤维乱向分布所形成空间网络结构，将SCC体系中的自由浆体团聚在网络结构中，阻碍了体系浆体的自由流动而影响SCC拌合物的工作性能。

（2）收缩性能研究

众所周知，SCC的胶凝材料用量大，造成体系浆体含量较多骨料含量相对较少，从而导致其收缩变形较大。解决SCC因变形大而容易开裂的问题，一方面是加入矿物掺合料，利用活性矿物掺合料与水泥水化产物CH的二次水化作用改善其孔结构，减小 SCC 的收缩；另一方面是利用纤维改性来抑制 SCC 的收缩变形。

李书进等采用非接触式测试方法研究了钢纤维对 SCC 早期收缩变形的影响，结果表明，钢纤维的掺入能够减小 SCC 的早期收缩率，3d 时的收缩率比基准混凝土减小 16%。凡有纪研究了不同钢纤维掺量与类型的 SCC 干燥收缩变化规律，结果显示，在合理的掺量范围内，钢纤维能够有效抑制 SCC 的干燥收缩变形，其中长径比较大的 B-30 型钢纤维对混凝土干缩变形的抑制效果最有效。

目前关于 SCC 收缩变形的研究主要集中于活性矿物掺合料对其收缩的影响，关于钢纤维对 SCC 收缩变形性能影响规律的研究较少。采用钢纤维改性减小 SCC 收缩变形的作用机理可归因于以下两个方面：一是钢纤维的弹性模量较大，在 SCC 中形成纤维网格，起到骨架支撑作用，同时分散 SCC 的收缩应力，从而在一定程度上降低 SCC 的收缩变形；二是钢纤维的掺入，改善了 SCC 内部的孔结构，形成较大的孔隙，缓解了孔隙水压力，减小了泌水通道和水分的散失，从而降低了 SCC 的干燥收缩变形。

（3）力学性能研究

SCC 与普通混凝土一样，均属于脆性材料，把钢纤维掺入 SCC 中制备出 SF-SCC，利用钢纤维的桥接和阻裂作用抑制微裂纹的产生和扩展，从而改善 SCC 的力学性能。

高丹盈等研究表明，钢纤维提高了 SCC 的抗压强度。刘思国等研究了钢纤维对不同强度等级 SCC 抗压强度的影响，并对试验数据进行回归分析，提出了预测 28d 抗压强度模型。蔡灿柳等采用长度分别为 15mm，20mm，30mm 的钢纤维进行抗压强度和抗弯强度试验研究，结果表明，钢纤维长度对 SCC 抗压强度和抗弯强度的影响较大，随钢纤维长度的增加，抗压强度和抗弯强度几乎呈线性增长，30mm 钢纤维配制的 SCC 抗压强度和抗弯强度分别比 15mm 配制的提高了 12.9% 和 11.9%。龙武剑等研究了不同类型钢纤维对不同强度等级（C30、C40、C50）抗压强度和劈裂抗拉强度的影响规律，结果显示，掺入钢纤维后，各强度等级 SCC 的 7d 抗压强度比素混凝土低，28d 抗压强度比素混凝土高，但增加幅度不大；钢纤维能够显著提高 SCC 的劈裂抗拉强度，其中端钩型钢纤维对劈裂抗拉强度的提高最为显著。

罗素蓉等研究发现，SCC 抗压强度随钢纤维掺量的影响不明显，增幅在 1%~5% 之间；对劈裂抗拉强度增强效果显著，强度增幅在 12%~31%。曾翠云等研究表明，随钢纤维掺量的增加，SCC 抗压强度与抗折强度均大幅提高，当钢纤维掺量小于 2.5% 的抗压强度增长速率明显比钢纤维掺量大于 2.5% 的快；抗折强度随钢纤维变化基本呈线性增长。周继业研究了钢纤维对 SCC 抗折强度和弹性模量影响规律，结果显示：抗折强度与钢纤维掺量是正相关的关系，和素混凝土相比，钢纤维对 SCC 抗折强度有明显的改善效果，最高可提高 64.94%；对其应力－应变曲线的分析可以看出：钢纤维能够很好地缓解 SCC 的脆性破坏，提升 SCC 的弹性模量。蔡影系统研究了钢纤维对 SCC 的力学性能（抗压、抗拉、抗折强度和弹性模量），结果表明，钢纤维能够改善 SCC 力学性能，其中，对抗压强度和弹性模量的影响不是很明显，钢纤维充分发挥其阻裂、增强、增韧作用，大大提高了 SCC 劈裂抗拉强度和抗折强度。尤志国等研究表明，钢纤维掺量越多，SCC 的弯曲韧性越好，断面处的纤维分布越均匀。丁一宁等通过三点弯曲试验研究了不同钢纤维掺量下 SCC 的弯曲韧性，结果表明，引入钢纤维提高了 SCC 的抗弯强度和断裂能，且随钢纤维掺量的增加更有利于 SCC 弯曲韧性的改善效果。

Majain 等研究了不同掺量钢纤维（0、0.5%、1.0%）对 SCC 抗压强度的影响，结果显示：钢纤维体积掺量为 0.5% 和 1.0% 时 SCC 的抗压强度较未掺钢纤维 SCC 分别提高了 6.6% 和 8.0%。Siddique 等的研究结果表明，钢纤维的引入能够显著改善 SCC 的力学性能，钢纤维对 SCC 劈拉、抗折强度的改善程度优于抗压强度。Khaloo 等研究表明，引入钢纤维降低了 SCC 的抗压强度，增加了 SCC 的劈裂抗拉强度和抗折强度。Ghasemi 等采用工作断裂方法研究了钢纤维掺量对 SCC 断裂参数的影响，研究显示，钢纤维掺量的增加可以增加 SCC 断裂时的能量吸收和延性。

综上所述，钢纤维对 SCC 抗压强度的影响规律各不相同，但显著改善了其抗拉、抗折强度和韧性。纤维的改性机理主要归因于两个方面：一是纤维的掺入具有一定的引气作用，能够降低有害气孔的含量，达到细化孔结构和提高致密性的效果；二是由于纤维的桥接和阻裂作用，能够抑制微裂纹的产生和扩展，从而改善了 SCC 的力学性能和延性。

1.2.4 SCC 耐久性能研究现状

地下建筑形式的广泛兴起以及南方潮湿多雨地区的混凝土建筑对混凝土抗渗性能要求极为严苛，而沿海沿江、酸雨多发地区，混凝土长期遭受硫酸盐侵蚀破坏，以及环境污染日益严重的当今时代，碳化引发的钢筋锈蚀问题对国家的经济引发了严重的负担。所以，研究钢纤维增强高掺量粉煤灰 SCC 的抗氯离子渗透性能、抗碳化性能以及抗硫酸盐侵蚀性能具有重要的现实意义。

（1）抗氯离子渗透性能研究现状

混凝土材料的抗渗性是决定其耐久性能优劣的关键因素，因为氯离子造成钢筋腐蚀的同时进而引发混凝土膨大、龟裂从而破坏。黎鹏平表明氯离子引发的钢筋锈蚀问题最不易掌控且危害最大。但只有入侵的氯离子含量累积到一定极限时才会对混凝土造成破坏，氯离子入侵的方式主要为：渗透作用、扩散作用、毛细管作用以及迁移作用，往往同时伴随物理以及化学入侵，致使钢筋表层的保护膜发生破坏，促进亚铁离子的搬运，加速形成"腐蚀电池"，引起钢筋锈蚀、破坏建筑结构。抗氯离子渗透性能由对氯离子的渗透能力—密实性和对其物理或化学吸附程度两个因素决定，该性能反映了材料内部结构的致密性以及阻挡侵蚀介质进入内部的能力。

混凝土密实性的主要决定因素是水胶比，同时内部孔隙结构特征也代表混凝土的密实性。殷艳春等发现 60d 养护龄期的高性能 SCC 抗氯离子渗透性能显著高于同一强度等级的普通混凝土；随养护龄期的增长，高性能 SCC 的抗氯离子渗透性能有所提高。徐仁崇等通过研究 C30～C60 大掺量粉煤灰和矿粉复掺 SCC 的抗压强度以及抗氯离子渗透性能，发现随龄期和混凝土强度等级的提高，SCC 抗氯离子渗透性能与混凝土养护龄期和强度等级呈正相关，文献［84］也得出相同结论。陈春珍等通过压汞测试比较了 SCC 和普通混凝土的微观孔结构，发现体系总孔隙率并非直接影响混凝土的渗透性，代表孔径分布的最可几孔径的尺寸大小直接影响混凝土的渗透性，且曾有研究表明大于 100nm 的孔径才影响渗透性。

钢纤维、碳纤维、纤维素纤维的掺入均能有效阻塞连通孔道，将连通孔变成封闭孔，还可以抑制塑性、干燥收缩裂缝的形成和发展，从而使材料孔隙率下降，减少氯离子进入混凝土内部的通道。而且钢纤维掺量对混凝土抵抗氯离子渗透能力的影响比纤维长度显著。而 Yihong Guo 等研究表明玄武岩纤维的加入会将小孔转变为大孔，在纤维周围形成松散的基体和孔隙结构，降低 SCC 的密实度，但通过掺加矿物掺合料以及延长养护龄期可改善纤维引起的抗氯离子渗透性能降低的缺陷。

袁启涛等和谢丽霞等发现超细矿物掺合料微珠以及大理石抛光粉显著的三大效应使其能填补于细小孔隙中，优化孔隙结构，提高抗氯离子渗透性能，但掺量不宜过高，否则对混凝土耐久性出现"负作用"。Kaizhi Liu 等通过 SEM 观察三种不同类型膨胀剂对 SCC 抗氯离子渗透性能的影响，发现固体 MgO 膨胀剂中的 MgO 反应生成的 $Mg(OH)_2$ 晶体能填充在孔隙中，细化孔隙并致密体系，因此混凝土氯离子渗透系数减小，且和液体聚羧酸醚膨胀剂复掺时，抗氯离子渗透能力改善更明显。

自由移动的氯离子才能接触并侵害钢筋，因此体系内部自由移动的氯离子数量是判断 SCC 抵抗氯盐侵蚀能力的重要指标。葛元飞发现水胶比越大，体系中自由氯离子含量越高，结构孔隙率越大，体系密实度越低，抗氯离子渗透性能越低。缪汉良发现粉煤灰的加入在减少水泥用量的同时减少能发生腐蚀的内部因素，增强抵抗外部介质向内部侵蚀的能力。而 Dinakar 等发现粉煤灰中高含量 C_3A 的存在使水泥基具有较高的氯离子结合能力，所以尽管具有较高的孔隙率和吸水率，但与任何强度等级的普通振捣混凝土相比，高掺量粉煤灰 SCC 仍具有优异的抗氯离子渗透能力。

（2）抗碳化性能研究现状

侵入内部的 CO_2 等酸性气体与水泥石中的碱性物质在水溶液中发生反应的过程，称为混凝土的中性化。该过程是由表及里缓慢发展，导致内部碱性不断降低的复杂的物理化学变化过程。碳化反应的主要产物之一是 $CaCO_3$，其体积约比 $Ca(OH)_2$ 大 17%，且属于极难溶解的盐，所以，在混凝土碳化初期，表层碳化产物 $CaCO_3$ 填充于内部的凝胶孔和部分毛细孔中，阻塞了 CO_2 气体向内部扩散的部分通道。因此，材料的致密性和力学性能得到相应改善。但继续碳化会形成微溶的碳酸氢钙，增加混凝土孔隙率，降低其抵抗侵蚀物质的能力，导致钢筋锈蚀，而且，碳化作用会引起混凝土表面形成收缩裂缝，增加侵蚀物质进入内部的通道。此外作为 SCC 第六组分的矿物掺合料，其内部的活性成分 SiO_2 和 Al_2O_3 与高碱性的水化产物 C-S-H 凝胶和 $Ca(OH)_2$ 二次水化生成低碱性 C-S-H 凝胶，导致内部碱含量减少，从而内部环境碱度降低。而水泥石结构稳定存在的关键因素是水化产物 $Ca(OH)_2$ 的大量存在，且多数水化产物会在内部碱度低于 8.8 时发生分解，使水泥石结构的稳定性受到严重影响，进而加速碳化的发生。

国际能源署指出：2019 年发电行业碳排放量仍保持在 330 亿 t，我国的排放量仍呈现缓慢增长趋势，预计碳排放的总量随经济发展而继续升高。虽然大力宣扬建设低碳环保家园，但人民的意识和实际行动却从未跟上呼声的高涨。混凝土的碳化程度由于 CO_2 浓度的增加而显著增加，且化学反应速率会因为温度的升高而加速，而日益增长的 CO_2 浓度致使全球气候变暖，致使建筑结构所处的环境温度升高，进一步加速碳化进程。从碳化机理来看，材料自身的密实度以及碱含量的储藏能力是决定其碳化能力的关键因素，具体体现在：水胶比、矿物掺合料品种和取代率、水泥品种和用量、骨料类别和颗粒级配、外加剂种类等在内的材料因素，相对湿度、温度、CO_2 浓度等环境因素以及施工方面的搅拌、振捣与养护等条件的影响。

张立群等发现对于相同强度等级的混凝土而言，在碳化初期硅灰 SCC 的抗碳化性能优于普通混凝土，但碳化后期，C35SCC 的碳化深度增长幅度和碳化深度相较 C35 普通混凝土和 C50SCC 更大。殷艳春等发现碳化初期，C35 高性能 SCC 和普通混凝土的碳化深度上升速率最快，但碳化后期高性能 SCC 碳化速度明显低于普通混凝土，C50 高性能 SCC 和普通混凝土的碳化速度随碳化龄期的增长呈逐渐减缓的趋势。

缪汉良等研究发现膨胀剂中的结晶体可以优化孔隙结构，提高内部密实度，改善材料抗碳化的能力。王海娜等通过快速碳化试验研究了 C35、C50 SCC 的抗碳化性能，结果表明，粉煤灰使孔隙结构得到改善，孔径得到细化，最大孔径尺寸减小，连通孔变成封闭孔，从而 SCC 的抗碳化性能得到改善。Navdeep Singh M.E. 等通过比较低体积掺量和高体积掺量粉煤灰 SCC 的抗碳化性能，发现后者比前者的抗碳化性能优异。Rahul Sharma 等的研究表明偏高岭土的掺入减少了 CO_2 扩散的通道，从而提高了 SCC 的抗碳化性能。李晟文等和张立群发现矿粉、硅灰等矿物掺合料取代水泥且水化时都将使 $Ca(OH)_2$ 含量降低，使混凝土内部碱度降低，从而影响混凝土的抗碳化能力，但养护龄期达到98d时，抗碳化性能最好。

董健苗等发现轻骨料SCC的抗碳化能力通过添加纤维将得到提升，但质地偏硬的剑麻纤维容易相互搭接形成网状结构，阻碍SCC的流动，增加内部孔隙率，使其抵抗碳化的能力小于聚丙烯纤维。文献［103］通过研究钢纤维体积分数对钢纤维SCC抗碳化性能的影响，发现钢纤维能优化其抗碳化性能，但优化效果与钢纤维体积分数的增加呈负相关。而姚海波的研究表明钢纤维对混凝土抗碳化能力的提高随其掺量的增加而增加。因为钢纤维能够抑制结构早期干缩裂缝的生成，延缓原生裂缝的出现和扩展，进而阻碍了有害气体CO_2的进入。蔡影的研究同样发现均匀分散开的钢纤维在体系内部彼此衔接成多维空间结构，延缓裂纹的产生和发展，优化毛细孔隙尺寸，提高密实度，减少CO_2的扩散通道，提高抗碳化能力。

内部孔结构之间的连通性以及渗透扩散路径的曲折性决定了混凝土渗透性能的高低。矿物掺合料以及纤维的改性作用能将相互连通的孔隙变成独立封闭的孔隙，阻碍CO_2扩散的通道，提高CO_2向混凝土内部渗透的难度，但矿物掺合料的二次水化消耗可碳化的物质，从而降低混凝土抵抗碳化的能力。

（3）抗硫酸盐侵蚀性能研究现状

硫酸盐侵蚀的本质是SO_4^{2-}与材料内部水化产物生成膨胀物质以及侵蚀介质的物理结晶析出，导致混凝土出现膨胀、开裂，最终结构被破坏，增加体系渗透性，从而致使质量和强度损失。SCC受硫酸盐侵蚀的机理与普通混凝土相同，不同的SO_4^{2-}浓度会产生不同的钙矾石膨胀破坏、石膏型膨胀破坏以及镁盐腐蚀破坏、不同的腐蚀物质以及反应速率。在5%Na_2SO_4溶液侵蚀30d时内部有少量钙矾石生成，而10%Na_2SO_4溶液腐蚀30d时，腐蚀产物主要是絮状C-S-H凝胶和肿块状碳酸钙，而腐蚀120d时却产生大量针柱状钙矾石，从而降低混凝土强度。硫酸盐侵蚀破坏过程是包括多种反应的繁杂变化过程，因此影响硫酸盐侵蚀破坏的因素也错综复杂，但主要包括自身结构引起的内在因素和外界环境条件引起的外在因素。

内在自身因素主要包括水泥的化学组成、掺合料、内部孔结构和水胶比等。硫酸盐侵蚀破坏的前提是SO_4^{2-}能够进入材料内部结构中，因此，内部结构的密实性是决定是否发生侵蚀破坏的关键因素。所以，提高水化产物之间的致密性、降低孔隙率是优化材料抵抗硫酸盐侵蚀破坏的关键举措。T. Chiker 等发现在相同水胶比条件下，SCC 具有比普通混凝土优异的抗硫酸盐侵蚀性能，因为低水胶比和 SCC 自身优异的性能使其水化产物的结构更加致密。粉煤灰、橡胶颗粒的掺入也能改善 SCC 的抗硫酸盐侵蚀能力，因为矿物掺合料的三大效应能降低 SCC 的孔隙率，将大尺寸的有害孔和多害孔细化成无害和少害孔，改善孔结构特征，但矿物掺合料掺量应适宜，否则作用会适得其反。

此外，纤维的掺入能够抑制微裂缝的产生和持续扩展，且能和水泥石之间粘结紧密，改善混凝土原本的硫酸盐侵蚀脆性破坏。李福青发现玄武岩纤维 SCC 的抗硫酸盐侵蚀能力优于聚丙烯纤维 SCC。K.Aarthi 等发现聚丙烯纤维的桥接和阻裂作用会受到酸性环境的影响，而花岗岩碎屑的加入能降低聚丙烯纤维 SCC 硫酸盐侵蚀后的强度损失。水泥熟料中 C_3S 和 C_3A 含量会影响石膏和钙矾石的形成，Anhad Singh Gill 等通过研究偏高岭土（取代率 5%、10%、15%）和 10% 稻壳灰制成的 SCC 的耐久性，发现偏高岭土和稻壳灰的共同作用致使氧化铝的含量较低，而二氧化硅的含量较高，从而提高了 SCC 对硫酸盐的抵抗能力。

外界环境中硫酸盐介质对混凝土结构的侵蚀不能完全避免或预防，但通过改变水胶比、掺加矿物掺合料、纤维等措施，能够改善混凝土的微观结构，减小孔隙率或优化孔结构，降低硬化混凝土中有害孔数量，从而阻止或者延缓有害侵蚀物质的内侵，从而使抵抗硫酸盐侵蚀破坏的能力得到提高。

1.2.5 SCC 断裂性能研究现状

裂缝是影响建筑结构质量和耐久性的主要因素。在结构正常使用阶段，裂缝如何发展变化，以及如何有效控制裂缝的产生和发展，是目前以及未来都急需解决的有关混凝土耐久性的关键问题之一。混凝土材料自开展研究以来，其难点之一即开裂问题，断裂力学作为研究结构裂缝发展的有效工具，从 1960 年逐步开展研究以来，许多学者对其进行了相关研究。

徐世烺等把混凝土的裂缝扩展分为裂缝起裂、裂缝稳态扩展和裂缝失稳扩展三个阶段，并且针对裂缝的扩展过程提出了双 K 断裂准则，引入定量描述裂缝扩展过程的起裂韧度和失稳韧度指标。何小兵等的研究表明，在最佳配合比下，掺加 12～19mm 聚丙烯纤维 SCC 的阻裂效能系数达到 89.8%，早期断裂韧性提高 37.6%。掺加聚丙烯膜裂纤维 SCC 较基准普通 SCC 断裂能提高 17%～35%，但纤维长度增加到 19mm 时，材料断裂韧性指标开始降低，显著增加了早期 SCC 的缺陷。José D. Ríos 等发现聚丙烯纤维混凝土的断裂能随纤维掺量的增加而提高。龙广成等发现单掺 UEASCC 的断裂能和延性指数相较基准组 SCC 分别下降 37.0% 和 31.5%，且相较普通混凝土而言，复掺 UEA 和 VEA SCC 以及基准组 SCC 的断裂能、延性指数降低率不超过 10%。罗素蓉等发现钢纤维 SCC 的断裂能和钢纤维掺量之间呈线性正相关。而断裂能和聚丙烯腈纤维之间的相关性极低，断裂破坏时依旧为毫无征兆的脆性破坏，且最佳掺量为 0.9kg/m³，当两者混掺时，能显著提高基体的断裂性能。Khalid B.Najim 等研究发现 SCC 的弯曲韧性指数和残余强度因子随再生钢纤维掺量的增加而增加。

吴熙等发现起裂韧度随初始缝高比的增加而提高，但失稳韧度却始终保持不变，由材料自身特性所决定。黄晓峰的研究表明混凝土的失稳断裂韧度随强度等级的提高而增大。罗素蓉的研究表明，单掺粉煤灰时，双 K 断裂参数随粉煤灰掺量的增加而降低，而复掺矿渣能改善此现象，且矿渣掺量越高，改善效果越显著，粉煤灰和硅灰复掺时也能改善 SCC 的起裂韧度和失稳韧度。金南国等发现在相同强度等级条件下，SCC 中粗骨料的减少会导致其阻裂性能低于普通混凝土。

1.2.6　存在问题

随着 SCC 研究的逐步深入，矿物掺合料作为补充胶凝材料在制备 SCC 及改善其工作性能、力学性能和干燥收缩性能方面的研究已经趋于成熟。同时，纤维作为增强材料在改善其力学性能、变形性能、干燥收缩性能方面也取得了大量的研究成果。尽管如此，SCC 研究应用方面仍然存在一些亟待解决的问题，需要进行深入系统的研究，从而促进 SCC 的实际应用。

（1）粉煤灰具有资源丰富、性能优异和价格低廉的特点，被广泛用于 SCC 的研究和应用。目前大量的研究成果主要集中于粉煤灰掺量小的情况下 SCC 性能的研究和应用，考虑到粉煤灰的形态效应、环境效应和经济效应对 SCC 物理力学性能及经济性的影响，粉煤灰掺量超过 50% 的 SCC 结构、性能和应用随粉煤灰掺量的变化规律亟待研究。

（2）钢纤维能够显著改善 SCC 的弯拉性能，但要实现 SF-SCC 在实际工程的推广应用，有必要系统研究 SF-SCC 在不同荷载状态下的变形性能，深入分析钢纤维改善 SCC 变形性能和韧性的影响规律和作用机理。

（3）粉煤灰和钢纤维作为 SCC 常用的改性材料，探索两者共同作用下 SCC 工作性能、力学性能、干燥收缩性能和变形性能变化规律的研究不够系统，SFFA-SCC 研究就更为少见。

1.3　研究内容

（1）C40 级 FA-SCC、SF-SCC 和 SFFA-SCC 的制备技术。参照《自密实混凝土应用技术规程》JGJ/T 283—2012 配制未掺粉煤灰 SCC 作为基准试样，以粉煤灰（粉煤灰掺量分别为 40%、50%、60%、70%）和钢纤维（钢纤维体积分数分别为 0、0.25%、0.50%、0.75%、1.00%）作为改性材料分别制备 FA-SCC、SF-SCC 和 SFFA-SCC。

（2）FA-SCC、SF-SCC 和 SFFA-SCC 的工作性研究。通过改变粉煤灰掺量和钢纤维体积分数，系统研究粉煤灰掺量和钢纤维体积分数的改变对各系列 SCC 流动性、间隙通过性和抗离析性的影响规律。FA-SCC、SF-SCC 和 SFFA-SCC 的收缩性能研究。系统研究了在自然养护环境下，不同粉煤灰掺量和钢纤维体积分数对各系列 SCC 干燥收缩率的变化规律。

（3）FA-SCC、SF-SCC 和 SFFA-SCC 的力学性能研究。以抗压强度、弯拉强度、弹性模量和轴压变形性能为衡量力学性能指标，系统研究了不同粉煤灰掺量和钢纤维体积分数对各系列 SCC 力学性能变化规律及影响程度，为今后研究和应用提供数据参考。

（4）高掺量粉煤灰 SCC 抗氯离子渗透性能及其机理研究。通过试验研究粉煤灰掺量（0、40%、50%、60%、70%）对 SCC 6h 电通量和孔隙率的影响规律以及作用机理。高掺量粉煤灰 SCC 抗碳化性能及其机理研究。通过快速碳化试验研究粉煤灰取代率对 SCC 碳化深度、抗压强度以及微观结构的影响规律和作用机理，进一步分析粉煤灰掺量对 SCC 抗碳化性能的影响。

（5）钢纤维增强高掺量粉煤灰 SCC 抗硫酸侵蚀性能及其作用机理研究。通过干湿循环硫酸盐侵蚀试验研究粉煤灰取代率、钢纤维体积分数对 SCC 质量损失率、抗压强度和耐蚀系数、抗折强度、相对动弹性模量变化的影响规律和作用机理。钢纤维增强高掺量粉煤灰 SCC 硫酸盐侵蚀前后断裂力学性能研究。通过三点弯曲梁试验，系统研究了不同粉煤灰取代率和钢纤维掺量对 SCC 在硫酸盐侵蚀前后的断裂力学性能影响。

第2章

原材料及试验方法

2.1 试验设计方案

（1）采用"高水泥用量＋高砂率＋外加剂"的配制原则，以原材料组分的性能特点为基础，依据《自密实混凝土应用技术规程》JGJ/T 283—2012，通过不断调整配合比，制备出 SCC。

（2）在 SCC 配制的基础上，以等质量的粉煤灰取代水泥，配制 FA-SCC，研究不同粉煤灰掺量对 FA-SCC 物理力学性能的影响。

（3）加入钢纤维制备 SFFA-SCC，研究钢纤维体积分数对其拌合物工作性、硬化后力学性能和变形性能的影响；确定保障 SFFA-SCC 工作性和力学性能的合理钢纤维体积分数范围。通过对其轴压条件下应力－应变曲线的研究，根据其极限应力、峰值应变、应变能和相对韧性的计算，对比分析钢纤维体积分数对 SFFA-SCC 的轴压变形性能的影响。

（4）采用卧式干缩膨胀仪测定不同试验龄期的 SFFA-SCC 的干缩变形量，通过对各龄期干缩率的计算，研究不同粉煤灰掺量和钢纤维体积分数对 SCC 收缩性能的影响。

2.2 原材料

P·O42.5：天瑞集团郑州水泥公司生产，45μm 筛余为 2.55%，比表面积为 358 m^2/kg，密度为 3.03g/cm^3，标准稠度用水量为 27.30%，胶砂流动度为 192mm，其性能指标见表 2–1。

P·O42.5 性能指标　　　　表 2-1

凝结时间 /min		抗压强度 /MPa		抗折强度 /MPa	
初凝	终凝	3d	28d	3d	28d
267	342	32.5	52.5	6.4	8.7

粉煤灰：比表面积为 463 m^2/kg，含水率为 0.18%，需水量比为 104.32%，28d 活性指数为 79.34%，其主要成分见表 2-2。

粉煤灰主要成分　　　　表 2-2

成分	SiO_2	Al_2O_3	Fe_2O_3	CaO	K_2O	MgO	Na_2O	烧失量
含量 /%	54.84	24.73	6.04	4.07	1.72	0.72	0.12	4.52

消石灰粉：广东省鹤山市沙坪镇连南桥建材店生产的消石灰粉。

粗骨料：5~19mm 连续集配的碎石，堆积密度为 1.56g/cm^3，表观密度为 2.61g/cm^3。

细骨料：混合砂，细度模数为 2.75，堆积密度为 1.52g/cm^3，表观密度为 2.65g/cm^3。

拌和水：试验室自来水。

减水剂：南京斯泰宝贸易有限公司生产的 530P 型聚羧酸盐高效减水剂，减水率为 30%。

钢纤维：本试验所用纤维为河北衡水瑞海橡胶制品有限公司生产的波纹型钢纤维，长度 35 ± 3mm，密度为 7.8g/cm^3，长径比为 63，拉伸强度 ≥ 380MPa。

2.3　试验方法

2.3.1　试块成型及养护方法

第一步将石子、砂、水泥、粉煤灰、消石灰粉依次倒入搅拌锅，干拌 30s；第二步在搅拌过程中加入一半水（高效减水剂已均匀溶解于水中），搅拌 90s，在此期间均匀撒入钢纤维；第三步加入剩下的一半水（高效减水剂已均匀溶解），搅拌 3min，出料。出料后立即测试 SCC 的工作性，待工作性测试结束后浇筑试块，抹面成型，24h 后脱模移至混凝土标准养护室养护至测试龄期。

基于 SCC 的制备，以粉煤灰 + 消石灰粉的掺量（0、40%、50%、60%、70%），钢纤维体积分数（0、0.25%、0.50%、0.75%、1.00%）分别配制 FA-SCC、SF-SCC 和 SFFA-SCC。

2.3.2 工作性能试验方法

SCC 的工作性由填充性、间隙通过性和抗离析性表征，工作性试验参照《自密实混凝土应用技术规程》JGJ/T 283—2012 相关规定进行。本书工作性能试验的部分测试如图 2-1 所示。

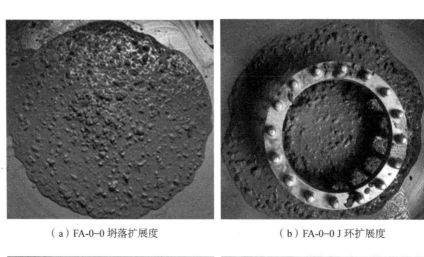

（a）FA-0-0 坍落扩展度　　　　　　　（b）FA-0-0 J 环扩展度

（c）FA-60-0 坍落扩展度　　　　　　　（d）FA-60-0 J 环扩展度

图 2-1　工作性能试验测试

2.3.3 基本力学性能试验方法

基本力学性能主要包括抗压强度、劈裂抗拉强度、抗折强度和弹性模量，其试验方法列于表2-3。

基本力学性能试验方法　　　　　　　　表 2-3

类型	试验方法	试件尺寸
抗压强度	《混凝土物理力学性能试验方法标准》 GB/T 50081—2019	100mm × 100mm × 100mm
劈拉强度		100mm × 100mm × 100mm
抗折强度		100mm × 100mm × 400mm
弹性模量		100mm × 100mm × 300mm

2.3.4 轴压变形性能试验方法

试块尺寸为 100mm × 100mm × 300mm，测试龄期为 28d，每组 3 块，采用 YAW6206 微机控制电液伺服压力试验机进行试验，试验过程采用力控制获得荷载－位移曲线，加载速度为 0.6MPa/s，试件轴压试验过程如图 2-2 所示。

（a）加载设备　　　　　　　（b）破坏形态

图 2-2　轴压试验过程

2.3.5 干燥收缩性能试验方法

依据《普通混凝土长期性能和耐久性能试验方法标准》GB/T 50082—2009 收缩试验测试方法，采用接触法测定三种 SCC 的干燥收缩性能。成型试件时，将测试铜钉提前预埋在试块两端，带模养护 2d 后脱模并测其初始长度 L_0，在室温条件下养护至规定龄期，采用卧式混凝土收缩测定仪（SHP-540）测其相应龄期的试件长度 L_t，通过式（2-1）计算其相应龄期试件的干燥收缩率（所测干燥收缩率包括试件水泥水化作用引起的化学收缩率和试件处于自然养护环境下水分蒸发引起的收缩率）。干燥收缩试件的尺寸为 $100mm \times 100mm \times 515mm$，测试龄期为 3d，7d，14d，28d，45d，60d。

$$\varepsilon_t = \frac{L_0 - L_t}{L_b} \times 100\% \qquad （2-1）$$

式中：ε_t——试验龄期为 t（d）时混凝土收缩率，t 从测定初始长度时算起；

L_b——试件的测量标距，等于两测头内侧的距离（mm）；

L_0——试件长度的初始读数（mm）；

L_t——试件在测试龄期为 t（d）时测得的长度读数（mm）。

2.3.6 混凝土抗氯离子渗透性能试验

试块为直径 100mm、高 50mm 的圆柱体，每组 3 块，参照《普通混凝土长期性能和耐久性能试验方法标准》GB/T 50082—2009，对达到 56d 养护龄期的试件进行电通量测试，由于疫情影响，实际对达到 240d 养护龄期的试件进行 6h 电通量测试。氯离子渗透试验过程如图 2-3 所示。

图 2-3 氯离子渗透试验过程

2.3.7　混凝土抗碳化性能试验

试块尺寸为 100mm × 100mm × 100mm，每组 3 块，按照《普通混凝土长期性能和耐久性能试验方法标准》GB/T 50082—2009，对达到碳化龄期的试块进行碳化深度和抗压强度测试。考虑到粉煤灰掺量较高，所以将试件养护至 56d 龄期时进行快速碳化试验，由于疫情影响，实际对达到 240d 养护龄期的试件进行快速碳化试验。

2.3.8　混凝土抗硫酸盐侵蚀性能试验方法

试件尺寸为 100mm × 100mm × 100mm 和 100mm × 100mm × 400mm，每组 3 块，依据《普通混凝土长期性能和耐久性能试验方法标准》GB/T 50082—2009，采用干湿循环硫酸盐侵蚀试验将养护至 56d 龄期的试件放入 5%Na$_2$SO$_4$ 溶液试验箱中进行 15 次、30 次、45 次硫酸盐侵蚀试验。一次完整的干湿循环试验过程为：浸泡 15h →风干 1h → 60℃烘箱中烘干 6h →冷却 2h。干湿循环硫酸盐侵蚀试验具体过程如图 2-4 所示。

（a）干环境　　　　　　　　　　　（b）湿环境

图 2-4　干湿循环硫酸盐侵蚀试验具体过程

2.3.9　SCC 断裂力学性能试验方法

根据国际材料和结构试验室联合会（RILEM）试验标准（1985）相关规定，本试验采用带切口的三点弯曲梁进行断裂试验。试块尺寸为 100mm × 100mm × 515mm，每组 3 块，试件跨中预留裂缝高度 a_0 为 40mm，相对缝高比为 0.4，跨距 $s = 400\text{mm}$，试件养护龄期为一年。试件尺寸及加载方式示意图如图 2-5 所示。

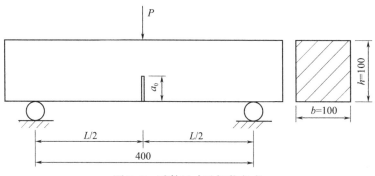

图 2-5　试件尺寸及加载方式

带切口三点梁弯曲试验在 CDT1504 微机伺服液压试验机上进行。在试件预制裂缝两侧粘贴刀口钢片，用以固定测量裂缝张开口位移的 YYJ-4/10 型夹式引伸计（图 2-6），本试验采用位移控制方式加载，加载速率为 0.05mm/min。梁的跨中荷载－位移曲线由试验机自带的位移采集系统进行采集，荷载－裂缝张开口位移由夹式引伸计采集，根据试验测得的钢纤维增强高掺量粉煤灰 SCC 荷载－位移曲线和荷载－裂缝张开口位移曲线进行 SCC 的断裂力学性能分析。三点梁弯曲试验具体试验现场如图 2-7 所示。

图 2-6　夹式引伸计　　　　　　图 2-7　三点梁弯曲试验现场

2.3.10　微观分析试验方法

（1）扫描电镜试验

SEM 试样分别采用碳化前后和硫酸盐侵蚀前后的抗压试块制成，将抗压测试后的试块破碎成形状规则的 3～5mm 薄片，置于广口瓶中用无水乙醇浸泡 24h 以终止水化。测试前将试样置于 60℃真空干燥箱中烘干至恒重，然后进行喷金处理。采用日本 JSM-7800F 扫描电子显微镜观察硬化胶凝材料浆体水化产物的总体分布情况和产物之间的紧密性。

（2）压汞试验

压汞试样采用截取氯离子渗透试验试块剩余试样制作，将其在压力试验机上破碎，挑选颗粒尺寸 3～5mm 且不含石子及大颗粒砂的试样，置于广口瓶中用无水乙醇浸泡 24h 以终止水化，测试前将试样在 60℃真空干燥箱中烘干至恒重。采用 AutoPore IV 9500 型全自动压汞仪测定混凝土的孔隙率、孔径分布等参数。

第 3 章

钢纤维增强高掺量粉煤灰 SCC 制备及工作性能研究

"高水泥用量 + 高砂率 + 矿物掺合料 + 高效减水剂"是配制 SCC 常用的技术途径，本章内容以未掺加粉煤灰 SCC 作为基准样，选用优质粉煤灰和钢纤维作为改性材料分别配制 FA-SCC、SF-SCC 和 SFFA-SCC，通过测试三种 SCC 的坍落扩展度、T_{500}、J 环扩展度和抗离析率，对比分析不同粉煤灰掺量和钢纤维体积分数对各系列 SCC 工作性能的影响，从而用以评估 FA-SCC、SF-SCC 和 SFFA-SCC 在实际工程中的实用性。

3.1 配合比设计

基于基准样 SCC 配合比，采用高掺量粉煤灰 + 消石灰粉取代水泥制备 FA-SCC，粉煤灰 + 消石灰粉的掺量为 40%、50%、60%、70%。FA-SCC 配合比见表 3-1。

FA-SCC 配合比　　　　　　　　　　　表 3-1

编号	水泥 / kg·m⁻³	粉煤灰 / kg·m⁻³	消石灰粉 / kg·m⁻³	水胶比	砂率	高效减水剂 /%
SCC-0	479	—	—	0.35	0.50	0.5
SCC-40	287.5	175.0	16.5	0.35	0.50	0.4
SCC-50	237.5	208.0	33.5	0.35	0.50	0.4
SCC-60	191.6	241.6	45.8	0.35	0.50	0.4
SCC-70	141.5	275.0	62.5	0.35	0.50	0.4

在 FA-SCC 基础上，加入钢纤维，配制 SFFA-SCC，钢纤维体积分数为 0、0.25%、0.50%、0.75%、1.00%。SFFA-SCC 设计参数见表 3-2。

SFFA-SCC 设计参数　　　　表 3-2

编号	粉煤灰掺量 /%	钢纤维体积分数 /%
SCC-0-0	0	0
SCC-0-0.25		0.25
SCC-0-0.50		0.50
SCC-0-0.75		0.75
SCC-0-1.00		1.00
SCC-40-0	40	0
SCC-40-0.25		0.25
SCC-40-0.50		0.50
SCC-40-0.75		0.75
SCC-40-1.00		1.00
SCC-50-0	50	0
SCC-50-0.25		0.25
SCC-50-0.50		0.50
SCC-50-0.75		0.75
SCC-50-1.00		1.00
SCC-60-0	60	0
SCC-60-0.25		0.25
SCC-60-0.50		0.50
SCC-60-0.75		0.75
SCC-60-1.00		1.00
SCC-70-0	70	0
SCC-70-0.25		0.25
SCC-70-0.50		0.50
SCC-70-0.75		0.75
SCC-70-1.00		1.00

3.2　高掺量粉煤灰 SCC 工作性能研究

SCC 工作性测试指标有坍落扩展度、T_{500}、J 环扩展度和离析率筛析试验。表 3–3 为 FA-SCC 工作性能测试结果。

粉煤灰掺量对 FA–SCC 工作性能的影响　　　　　　　　　表 3–3

编号	坍落扩展度 /mm	T_{500}/s	J 环扩展度 /mm	离析率 /%
SCC-0-0	655	3.9	640	15.8
SCC-40-0	625	4.9	625	6.3
SCC-50-0	660	4.0	640	15.3
SCC-60-0	670	3.0	660	12.0
SCC-70-0	700	3.0	685	11.6

由表 3–3 可知，随着粉煤灰掺量的增加，FA-SCC 的坍落扩展度经历了一个先降后增的过程，T_{500} 流动时间经历了一个先增后减的过程，这说明了 FA-SCC 的流动性随粉煤灰掺量的改变基本呈现先降后增的变化趋势；J 环扩展度随粉煤灰掺量的变化趋势与坍落扩展度基本保持一致，两者之间差值基本保持在 20mm 之内，粉煤灰掺量的改变对 FA-SCC 的间隙通过性的影响不显著；所有粉煤灰掺量的 FA-SCC 离析率均小于 20%，满足《自密实混凝土应用技术规程》JGJ/T 283—2012 中 SR1 要求。

粉煤灰掺量对 FA-SCC 工作性能的影响机理可归因于以下三个方面：一是和水泥相比，粉煤灰的比表面积较大，在掺量 40% 时粉煤灰的需水量大，造成 FA-SCC 拌合物的黏聚性增强，从而导致流动性有小幅度的降低和抗离析性能的提高；二是粉煤灰密度比水泥小，取代相同质量的水泥后增大了 FA-SCC 体系的粉体含量，在粉煤灰球形颗粒形貌的共同作用下，FA-SCC 中骨料颗粒之间的摩擦阻力显著降低，从而改善了 FA-SCC 的工作性；三是粉煤灰中表面光滑且质地密实的玻璃微珠，能够促进早期水泥水化的解絮作用，在一定程度上释放出更多的自由水，从而增加了拌合物的流动性。

3.3　钢纤维增强 SCC 工作性能研究

表 3-4 为 SF-SCC 工作性能测试结果。

钢纤维体积分数对 SF-SCC 工作性能的影响　　　表 3-4

编号	坍落扩展度 /mm	T_{500}/s	J 环扩展度 /mm	离析率 /%
SCC-0-0	655	3.9	640	15.8
SCC-0-0.25	650	4.1	625	12.1
SCC-0-0.50	640	4.5	610	12.2
SCC-0-0.75	600	6.1	560	12.1
SCC-0-1.00	600	7.5	505	9.3

由表 3-4 可知，随着钢纤维体积分数的增加，SF-SCC 的坍落扩展度、T_{500} 流动时间逐渐增大，这表明钢纤维体积分数的增加降低了 SF-SCC 的流动性；J 环扩展度也逐渐减小，坍落扩展度与 J 环扩展度的差值逐渐增大，说明 SF-SCC 的间隙通过性随钢纤维体积分数的增加逐渐变差，当钢纤维体积分数为 1.00% 时，其间隙通过性已不能满足相关规范的规定；筛析试验测试的抗离析率试验结果均能满足《自密实混凝土应用技术规程》JGJ/T 283—2012 中 SR1 要求。

以下两方面原因可以解释钢纤维体积分数对 SF-SCC 工作性能的影响：一是随着钢纤维体积分数的增加，SF-SCC 体系中钢纤维的数量增多，用于包裹骨料和钢纤维的浆体含量增多，在水泥砂浆含量相同的情况下，体系中的自由砂浆含量降低，从而增大了 SF-SCC 骨料颗粒之间以及钢纤维之间的摩擦阻力，降低了工作性；二是钢纤维在 SF-SCC 体系中的相互搭接，形成了很多小的空间网络结构，这些空间网络结构将 SF-SCC 体系中的浆体团聚在一起，阻碍了浆体的自由流动，降低了拌合物的工作性。

3.4　钢纤维增强高掺量粉煤灰 SCC 工作性能研究

表 3-5 为 SFFA-SCC 工作性能测试结果。

粉煤灰掺量对 SFFA-SCC 工作性能的影响　　表 3-5

编号	坍落扩展度 /mm	T_{500}/s	J 环扩展度 /mm	离析率 /%
SCC-40-0	625	4.9	625	6.3
SCC-40-0.25	620	5.0	600	8.0
SCC-40-0.50	600	8.0	580	10.0
SCC-40-0.75	590	8.2	575	9.4
SCC-40-1.00	560	10.9	560	6.9
SCC-50-0	660	4.0	640	15.3
SCC-50-0.25	640	4.7	615	9.4
SCC-50-0.50	630	6.8	600	9.2
SCC-50-0.75	585	9.2	550	11.2
SCC-50-1.00	565	15.4	510	9.0
SCC-60-0	670	3.0	660	12.0
SCC-60-0.25	660	5.1	620	8.3
SCC-60-0.50	620	9.1	585	8.1
SCC-60-0.75	590	10.3	550	8.5
SCC-60-1.00	560	14.8	460	6.3
SCC-70-0	700	3.0	685	11.6
SCC-70-0.25	680	4.1	645	10.0
SCC-70-0.50	640	4.7	590	10.6
SCC-70-0.75	590	7.9	540	7.1
SCC-70-1.00	570	9.8	490	5.8

由表 3-5 可知：

（1）粉煤灰掺量 40% 时，SFFA-SCC 的坍落扩展度和 J 环扩展随钢纤维体积分数的增加逐渐减小，T_{500} 流动时间逐渐增加，这表明钢纤维的加入逐渐降低了 SCC-40 系列拌合物的填充性和流动性；和 SCC-40-0 相比，拌合物的坍落扩展度和 J 环扩展的差值有所增加，但均小于 20mm，表明该粉煤灰掺量下，拌合物的间隙通过性较 SCC-40-0 差，但仍符合《自密实混凝土应用技术规程》JGJ/T 283—2012 中 PA2 要求；离析率随钢纤维体积分数增加呈先增后减的变化趋势，这是因为钢纤维的表面较光滑，降低了钢纤维表面水泥浆体的吸附能力，因而 SFFA-SCC 拌合物的离析率随着钢纤维体积分数的增加逐渐增大，当钢纤维体积分数大于 0.50% 时，在拌合物体系自由浆体含量减少和钢纤维周围浆体吸附能力降低的共同作用下，新拌混凝土的离析率又逐渐减小。

（2）粉煤灰掺量 50% 时，SFFA-SCC 的坍落扩展度、J 环扩展及 T_{500} 流动时间变化与 SCC-40 系列相同，坍落扩展度和 J 环扩展的差值随钢纤维体积分数的增加逐渐增大，钢纤维体积分数大于 1.00% 时，已不满足《自密实混凝土应用技术规程》JGJ/T 283—2012 中对间隙通过性的要求；和 SCC-50-0 相比，SFFA-SCC 的离析率较 SCC-50-0 降低，这是加入钢纤维降低了拌合物体系中自由浆体含量所造成的。

（3）粉煤灰掺量 60% 时，SFFA-SCC 的坍落扩展度、J 环扩展及 T_{500} 流动时间变化与 SCC-40 系列相同，随着钢纤维体积分数的增加，新拌 SCC 坍落扩展度和 J 环扩展的差值较 SCC-60-0 显著增加，当钢纤维体积分数为 1.00% 时，SFFA-SCC 的间隙通过性已不满足《自密实混凝土应用技术规程》JGJ/T 283—2012 中的相关要求；和 SCC-60-0 相比，SFFA-SCC 的离析率降低，和粉煤灰掺量 50% 时离析率降低原因相同。

（4）粉煤灰掺量 70% 时，SFFA-SCC 的坍落扩展度、J 环扩展及 T_{500} 流动时间变化与 SCC-40 系列相同，随着钢纤维体积分数的增加，坍落扩展度和 J 环扩展的差值较 SCC-70-0 显著增加，当体积分数大于 0.50% 时，坍落扩展度和 J 环扩展的差值为 50mm，达到了《自密实混凝土应用技术规程》JGJ/T 283—2012 中对间隙通过性规定的临界要求，当钢纤维体积分数为 1.00% 时，已不满足《自密实混凝土应用技术规程》JGJ/T 283—2012 中对间隙通过性的要求；和 SCC-70-0 相比，SFFA-SCC 的离析率降低，和粉煤灰掺量 50% 时离析率降低原因相同。

综上所述，各粉煤灰掺量下，钢纤维体积分数对 SFFA-SCC 坍落扩展度、J 环扩展度的影响均为逐渐减小，T_{500} 逐渐增大，这表明 SFFA-SCC 的填充性及流动性随钢纤维体积分数的增加逐渐降低；掺入少量粉煤灰后，SFFA-SCC 的间隙通过性较好，当粉煤灰掺量超过 50% 时，随着钢纤维体积分数的增加，其间隙通过性逐渐降低。SFFA-SCC 工作性降低的原因可归因于以下两个方面：一是加入钢纤维后，拌合物体系中用于包裹骨料和钢纤维的水泥浆体增多，自由浆体含量减少；二是钢纤维体积分数增加，SFFA-SCC 体系中钢纤维的相互搭接作用，两方面原因的共同作用下，降低了 SFFA-SCC 的工作性能。

3.5 本章小结

本章进行 FA-SCC、SF-SCC 和 SFFA-SCC 的制备和工作性能研究。在配制 SCC 的基础上，采用粉煤灰 + 消石灰粉取代部分水泥，掺入不同体积分数的钢纤维配制成 SFFA-SCC，分别研究了 FA-SCC、SF-SCC 和 SFFA-SCC 的工作性，试验结果如下：

（1）当粉煤灰掺量高于 40% 后，在粉煤灰的"滑珠效应""形态效应""微集料效应"和"分散效应"的共同作用下，FA-SCC 的流动性显著提高，但对拌合物的间隙通过性的影响效果不显著，抗离析性能均满足相关规范要求。

（2）引入钢纤维显著降低了 SCC 的工作性能，且随着钢纤维体积分数的增加，SF-SCC 拌合物工作性的降低幅度提高，当钢纤维体积分数为 1.00% 时，新拌 SF-SCC 的间隙通过性已不能满足相关规定要求。

（3）SFFA-SCC 的工作性随钢纤维体积分数的增加逐渐降低，当粉煤灰掺量为 40% 时，各 SFFA-SCC 的工作性能较好，随着粉煤灰掺量增加，钢纤维体积分数的增加对工作性能的降低更明显，尤其是对间隙通过性的影响最大，当钢纤维体积分数为 1.00%，粉煤灰掺量为 50%、60%、70% 时，SFFA-SCC 坍落扩展度与 J 环扩展度的差值大于 50mm，均已不满足《自密实混凝土应用技术规程》JGJ/T 283—2012 中间隙通过性的要求；除粉煤灰掺量 40% 外，SFFA-SCC 的抗离析性能均得到不同程度的改善。

第4章

钢纤维增强高掺量粉煤灰SCC 收缩性能研究

收缩性能是混凝土凝结硬化过程中，由于化学反应和水分散失等原因引起的随时间变化的体积缩小现象，主要包括塑性收缩、温度收缩、干燥收缩、自收缩和碳化收缩等。混凝土收缩将在结构体系中引入大量的原始微裂纹，影响硬化后混凝土的力学性能及耐久性能。本章主要研究在自然养护环境下 FA-SCC、SF-SCC 和 SFFA-SCC 的干燥收缩性能，系统研究粉煤灰掺量和钢纤维体积分数对各系列 SCC 干燥收缩性能的影响，为后续研究 SFFA-SCC 的力学性能、体积稳定性和耐久性能提供参考。

4.1 高掺量粉煤灰 SCC 干燥收缩性能研究

图 4-1 为自然养护环境下，不同粉煤灰掺量对 FA-SCC 干缩率的影响。

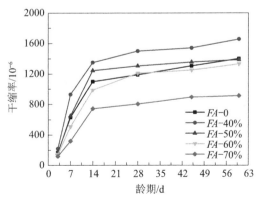

图 4-1 粉煤灰掺量对 FA-SCC 干缩率的影响

由图 4-1 可知：

（1）未掺粉煤灰 SCC 和不同 FA-SCC 试块的早期（14d 内）干缩率较

明显，可达到试验总干缩率的 70% 以上，这主要是因为试验早期时候，一方面试块体系内水分充足，水泥水化反应快，内部水分消耗多；另一方面在自然养护环境下，试块早期湿度较大，水分蒸发较快，二者共同造成了 FA-SCC 早期干缩率较大。

（2）当养护龄期超过 14d，未掺粉煤灰 SCC 和不同 FA-SCC 干缩率的变化幅度明显减小，这是因为超过 14d 后，试块体系中水分蒸发速率减缓，水泥水化反应所生成的 C-S-H 凝胶、CH 晶体以及粉煤灰颗粒填充于水泥石的空隙中，阻挡了 FA-SCC 内部水分传输路径，从而减小其干缩率。

（3）FA-SCC 各龄期干缩率随粉煤灰掺量的增加均呈先增后减的趋势，不同 FA-SCC 的 60d 干缩率分别达到 1400×10^{-6}、1655×10^{-6}、1385×10^{-6}、1330×10^{-6}、915×10^{-6}。粉煤灰掺量 40% 时，FA-SCC 的干缩率较未掺粉煤灰 SCC 增加了 18%；掺量 50% 时，FA-SCC 的干缩率和未掺粉煤灰 SCC 相差不大；掺量 60% 和 70% 时，FA-SCC 的干缩率较未掺粉煤灰 SCC 减少了 5% 和 35%。这是因为当粉煤灰掺量较小时，粉煤灰的二次水化反应消耗体系中的自由水，体系失水造成其收缩率增大；当粉煤灰掺量较大时，水泥含量减少，水泥水化反应造成的体系失水少，在未参与二次水化反应的粉煤灰颗粒填充 FA-SCC 中空隙的共同作用下，其干缩率减小，改善了 FA-SCC 的干燥收缩性能。

4.2 钢纤维增强 SCC 干燥收缩性能研究

图 4-2 为自然养护环境下，不同钢纤维体积分数对 SF-SCC 干缩率的影响。

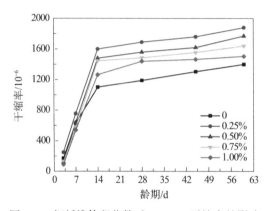

图 4-2 钢纤维体积分数对 SF-SCC 干缩率的影响

由图 4–2 可知：

（1）在试块干燥收缩试验早期（14d 内），未掺钢纤维 SCC 和 SF-SCC 的干缩率较大，随着养护龄期的增加，14d 后试块干缩率增长幅度显著减小。

（2）和未掺钢纤维 SCC 相比，钢纤维的加入增大了 SF-SCC 的干缩率，这是因为钢纤维的引入带来了很多钢纤维－水泥基界面和钢纤维－钢纤维界面，这些界面属于薄弱区域，内部空隙较多，为体系内水分的传输提供了路径。然而，随着钢纤维体积分数的增加，SF-SCC 的干缩率降低，原因是钢纤维的相互搭接作用减缓了试块内部由水化反应和水分蒸发所引起的应力集中现象，减少了因应力集中现象而产生的原始裂纹数量，阻碍了水分传输的路径，从而降低了 SF-SCC 的干燥收缩性能。

（3）养护龄期在 14d 之前，不同钢纤维体积分数对试块的早期干缩率影响不明显，当龄期超过 14d 后，钢纤维体积分数对试块干缩率的影响较早期明显，但变化规律和早期相同。养护龄期为 14d 时，钢纤维体积分数 0.25%、0.50%、0.75% 和 1.00% 试块干缩率分别为 1600×10^{-6}、1480×10^{-6}、1445×10^{-6}、1265×10^{-6}，较未掺钢纤维的干缩率 1100×10^{-6} 分别增大了 45%、35%、31%、15%。这表明随着钢纤维体积分数的增加，在一定程度上抑制了 SF-SCC 的早期干缩性能。

4.3　钢纤维增强高掺量粉煤灰 SCC 干燥收缩性能研究

图 4–3～图 4–6 分别为自然养护环境下，不同粉煤灰掺量下，钢纤维体积分数对 SFFA-SCC 干缩率的影响。

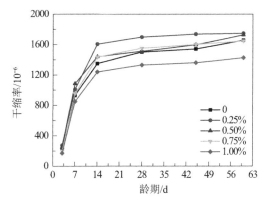

图 4–3　钢纤维体积分数对 SFFA-SCC（FA-40%）干缩率的影响

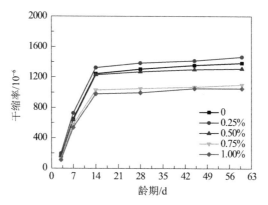

图 4-4　钢纤维体积分数对 SFFA-SCC（*FA*-50%）干缩率的影响

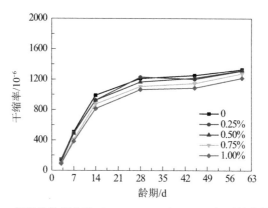

图 4-5　钢纤维体积分数对 SFFA-SCC（*FA*-60%）干缩率的影响

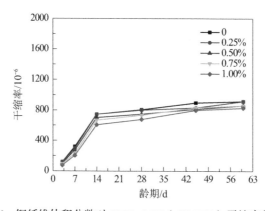

图 4-6　钢纤维体积分数对 SFFA-SCC（*FA*-70%）干缩率的影响

由图 4-3～图 4-6 可知：

（1）随着粉煤灰掺量由 40% 增加到 70%，SFFA-SCC 试块的干缩率逐渐减小，这是因为和水泥相比，粉煤灰颗粒小且质地均匀，在 SFFA-SCC 拌合过程能更好地填充于细小颗粒之间的空隙中，占据了原有的自由水填充空间，减少了自然养护期间水分蒸发引起的体积收缩，从而减小 SFFA-SCC 的干燥收缩性能。

（2）随着钢纤维体积分数的增加，粉煤灰掺量 40% 时，钢纤维体积分数介于 0.25%～0.75% 的试块干缩率较未掺钢纤维试块大，体积分数大于 0.75 时，试块干缩率较未掺钢纤维试块小，钢纤维体积分数由 0 增加到 1.00% 时，60d 试块的干缩率分别为 1655×10^{-6}、1745×10^{-6}、1725×10^{-6}、1645×10^{-6}、1435×10^{-6}。粉煤灰掺量为 50% 时，钢纤维体积分数 0.25% 试块的干缩率较未掺钢纤维试块大，体积分数大于 0.25% 后，试块干缩率较未掺钢纤维试块小，钢纤维体积分数由 0 增加到 1.00% 时，60d 试块的干缩率分别为 1385×10^{-6}、1465×10^{-6}、1310×10^{-6}、1100×10^{-6}、1050×10^{-6}。粉煤灰掺量大于 50% 后，SFFA-SCC 试块干缩率较未掺钢纤维试块小，粉煤灰掺量 60%，钢纤维体积分数由 0 增加到 1.00% 时，60d 试块的干缩率分别为 1330×10^{-6}、1310×10^{-6}、1315×10^{-6}、1275×10^{-6}、1215×10^{-6}。粉煤灰掺量 70%，钢纤维体积分数由 0 增加到 1.00% 时，60d 试块的干缩率分别为 915×10^{-6}、915×10^{-6}、860×10^{-6}、860×10^{-6}、825×10^{-6}。

（3）和 FA-SCC 相比，SFFA-SCC 的干缩率在粉煤灰掺量 40% 时出现了小幅度的增大，这是粉煤灰掺量 40% 时，填充于试块内部钢纤维界面等原始空隙的粉煤灰含量少造成的；当粉煤灰掺量大于 40% 时，SCC 基体及其与钢纤维界面的空隙被充分填充，钢纤维的刚度强化作用抑制了 SCC 基体中水泥水化作用和水分蒸发所引起的体积变形，同时纤维间的相互搭接能够改善 SCC 的干燥收缩变形引起的应力集中现象。

4.4　本章小结

本章系统研究了 FA-SCC、SF-SCC 和 SFFA-SCC 在自然养护环境下的干燥收缩性能，并进一步探索了各系列 SCC 干缩率随粉煤灰掺量和钢纤维体积分数的变化规律，试验结果如下：

（1）FA-SCC 的早期（14d 内）干缩率变化较明显，后期（14d 后）干缩率变化幅度减慢，当粉煤灰掺量介于 40%～50% 之间时，试块干缩率较未掺粉煤灰试块大，当粉煤灰掺量介于 60%～70% 之间时，试块干缩率较未掺粉煤灰试块小；

（2）和未掺钢纤维 SCC 试块相比，钢纤维的加入增大了 SF-SCC 试块的干缩率，但随着钢纤维体积分数的增加，钢纤维对试块干缩率的增大有一定的抑制作用；

（3）钢纤维对 SFFA-SCC 的干燥收缩性能有一定程度的约束作用，在粉煤灰和钢纤维的共同作用下，粉煤灰能充分发挥其填充空隙，阻断水分传输路径作用，钢纤维的三维乱向分布能缓解试块内部的应力集中现象，二者共同抑制 SFFA-SCC 的干燥收缩性能。

第 5 章

钢纤维增强高掺量粉煤灰 SCC 力学性能研究

  混凝土的力学性能包括强度和变形性能，是控制质量和衡量承载能力的主要性能指标，在混凝土结构设计和服役期间，直接影响结构的安全性和稳定性。本章主要研究 FA-SCC、SF-SCC 和 SFFA-SCC 的抗压强度、弯拉强度、弹性模量，并进行轴压条件下的应力－应变试验；进一步探究了粉煤灰掺量和钢纤维体积分数对其轴压应力－应变曲线各参数极限应力（σ_0）、峰值应变（ε_0）、应变能（V_ε）和相对韧性（$\varGamma$）的影响，通过相对韧性表征 SCC 的轴压韧性，用以评估 SFFA-SCC 在工程应用中的可能性和实用性。

5.1　高掺量粉煤灰 SCC 力学性能研究

5.1.1　抗压强度

  图 5-1 为粉煤灰掺量对 FA-SCC 各龄期抗压强度的影响。

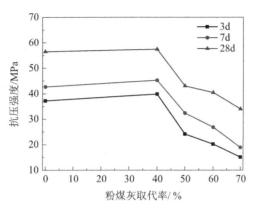

图 5-1　粉煤灰掺量对 FA-SCC 各龄期抗压强度的影响

由图 5-1 可知，掺入粉煤灰后，FA-SCC 各龄期抗压强度随粉煤灰掺量的增加而减小，粉煤灰掺量 40% 时，各龄期抗压强度均高于未掺粉煤灰 SCC。FA-SCC 的早期抗压强度明显降低，随着龄期的增加，28d 抗压强度的降低幅度得到了改善，当粉煤灰掺量介于 40%～50% 之间时，FA-SCC 各龄期抗压强度降低幅度最为显著，随着粉煤灰掺量的继续增加，各龄期抗压强度的降低幅度得到明显改善，当掺量介于 60%～70% 之间时，其 28d 抗压强度的降低幅度为 6%。这是因为加入粉煤灰后，粉煤灰的火山灰效应和填充效应提高了 FA-SCC 的均匀性和密实性，在一定程度上改善了其抗压强度。当粉煤灰掺量继续增大时，FA-SCC 体系中水泥含量减少，水泥水化产物 C-S-H 凝胶和 CH 晶体含量随之减少，从而降低了 FA-SCC 抗压强度。随着龄期的增加，粉煤灰与水泥水化产物 CH 的二次水化反应产物（水化硅酸钙凝胶、水化铝酸钙凝胶）填充于结构孔隙中，改善了 FA-SCC 的微观结构，使其结构体系更加密实，从而在一定程度上改善了 FA-SCC 抗压强度的降低幅度。

5.1.2 弯拉强度

图 5-2 为粉煤灰掺量对 FA-SCC 劈裂抗拉强度和抗折强度的影响。

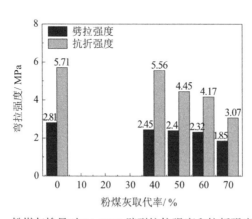

图 5-2　粉煤灰掺量对 FA-SCC 劈裂抗拉强度和抗折强度的影响

由图 5-2 可知，掺入粉煤灰后，FA-SCC 的劈裂抗拉强度和抗折强度均低于未掺粉煤灰 SCC，随着掺量的增加，其劈裂抗拉强度和抗折强度均逐渐减小，当粉煤灰掺量介于 40%～60% 之间时，劈裂抗拉强度的降低幅度不太明显；粉煤灰掺量高于 40% 时，抗折强度逐渐降低。和未掺粉煤灰 SCC 相比，粉煤灰掺量 70% 的 FA-SCC 劈裂抗拉强度和抗折强度分别降低了 34% 和 46%。掺入粉煤灰后，降低了 FA-SCC 结构体系中胶凝材料的水化活性，因而 FA-SCC 的弯拉强度降低；当粉煤灰掺量小于 40% 时，一方面由于粉煤灰中粒径很小的玻璃微珠和碎屑对水泥浆体孔隙起到填充与密实作用，细化了 FA-SCC 结构体系中孔结构，因而 FA-SCC 弯拉性能的降低幅度较小；另一方面粉煤灰中含有大量活性 SiO_2 和 Al_2O_3，与水泥水化产物 CH 进行二次水化反应，生成水化硅酸钙、水化铝酸钙等胶凝物质，堵塞了 FA-SCC 中的毛细组织，减小了 FA-SCC 弯拉强度的降低幅度；随着粉煤灰掺量的增加，FA-SCC 体系中的水泥含量明显减少，降低了水泥水化生成的 C-S-H 凝胶和 CH 晶体的含量，劣化了 FA-SCC 的孔结构，同时，粉煤灰的"微集料效应"和"二次水化作用"优势不明显，在二者的共同作用下显著降低了 FA-SCC 的劈裂抗拉强度和抗折强度。

5.1.3 弹性模量

图 5–3 为粉煤灰掺量对 FA-SCC 弹性模量的影响。

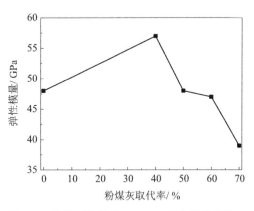

图 5–3　粉煤灰掺量对 FA-SCC 弹性模量的影响

由图 5–3 可知，随着粉煤灰掺量的增加，FA-SCC 的弹性模量呈先增后减的变化趋势，当粉煤灰掺量为 40% 时，和未掺粉煤灰 SCC 相比，弹性模量显著提高，增加幅度为 19%；随着粉煤灰掺量继续增加，弹性模量开始降低，当掺量介于 50%～60% 之间时，FA-SCC 的弹性模量的降低幅度不显著，较未掺粉煤灰 SCC 降低了 0～2%；粉煤灰掺量继续增加至 70% 时，FA-SCC 的弹性模量明显降低，降低幅度达到 19%。造成 FA-SCC 弹性模量变化的原因有两方面：一是粉煤灰颗粒较水泥小，SCC 中未水化的粉煤灰微粒可以起到填充作用，增加 FA-SCC 体系的均匀性和密实性，从而提高了 FA-SCC 的弹性模量；二是随着粉煤灰掺量的增加，FA-SCC 体系中水泥含量减少，降低了水泥水化生成的 C-S-H 凝胶和 CH 晶体含量，同时粉煤灰的弹性模量比水泥低，故粉煤灰掺量超过 40% 后弹性模量逐渐降低。

5.1.4 轴压变形性能

FA-SCC 轴压变形性能试验采集的荷载－位移数据，通过式（5-1）、式（5-2）计算转化成应力和应变值并绘制 σ-ε 曲线（图 5-4）。

$$\sigma = F / A \qquad (5-1)$$

$$\varepsilon = \Delta L / L \qquad (5-2)$$

式中：F——轴向荷载；

A——截面面积；

ΔL——轴压位移；

L——试件高度。

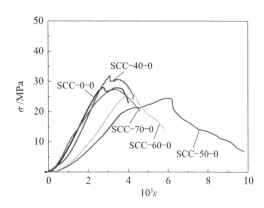

图 5-4　FA-SCC 轴压条件下应力－应变曲线

混凝土的应变能通常用应力－应变曲线下的面积表示，表征混凝土丧失承载力时单位体积吸收的能量，本书以 1.15 倍峰值应变下的应力－应变曲线面积为参考依据，分析粉煤灰掺量对 FA-SCC 轴压条件下的应变能

V_ε（N·m）：

$$V_\varepsilon = V \int_0^{\varepsilon_1} \sigma \mathrm{d}\varepsilon \qquad (5-3)$$

式中：V——试件体积；

ε_1——1.15 倍峰值应变；

σ——轴压应力；

ε——应变。

为对比不同粉煤灰掺量下 FA-SCC 轴压条件下的变形特征，以单位体积混凝土极限应力时单位强度所消耗的应变能作为比较参数，即：

$$\Gamma = \frac{V_\varepsilon}{\sigma_0 V} \qquad (5-4)$$

式中：Γ——相对韧性；

σ_0——极限应力。

按照式（5-1）～式（5-4），依据图 5-4 的 FA-SCC 轴压条件下应力 – 应变曲线，计算得出的极限应力（σ_0）、峰值应变（ε_0）、应变能（V_ε）和相对韧性（Γ）列于表 5-1。

FA-SCC 的 σ_0、ε_0、V_ε 和 Γ　　　　表 5-1

编号	σ_0/MPa	ε_0/×10³	V_ε/N·m	Γ/×10³
SCC-0-0	28.00	2.77	48.08	0.57
SCC-40-0	31.85	3.11	57.23	0.60
SCC-50-0	24.45	5.95	95.60	1.30
SCC-60-0	26.13	4.14	61.18	0.78
SCC-70-0	27.32	3.36	64.17	0.78

由图 5-4 可知，所有 FA-SCC 试件在轴压条件下均出现了应变软化阶段，当掺量为 50% 时，FA-SCC 试件的应变软化阶段最为明显。结合表 5-1 数据可知，随着粉煤灰掺量的增加，FA-SCC 的极限应力呈现先增加后减小的趋势，当粉煤灰掺量为 40% 时，FA-SCC 的极限应力最大，达到

31.85MPa，较未掺粉煤灰的 SCC-0-0 增加了 14%。粉煤灰取代部分水泥后，显著提高了 FA-SCC 的峰值应变，随着粉煤灰掺量的增加，峰值应变呈先增加后减小的变化趋势，当粉煤灰掺量为 50% 时，峰值应变最大，较 SCC-0-0 提高了 115%。这表明粉煤灰取代部分水泥后，粉煤灰中的玻璃微珠能够填充到 FA-SCC 内部的结构孔隙中，在粉煤灰与水泥水化产物 CH 进行二次水化反应的共同作用下，使得 FA-SCC 的内部结合更加紧密，从而改善了 FA-SCC 的轴压变形能力；然而，随着粉煤灰掺量的进一步增加，FA-SCC 结构体系中的水泥含量减少，由于粉煤灰活性较水泥低得多，使 FA-SCC 结构体系中的水化产物减少，未水化颗粒增多，从而在一定程度上降低了 FA-SCC 的轴压变形性能。

由表 5-1 可知，粉煤灰取代部分水泥后，FA-SCC 的应变能和相对韧性较 SCC-0-0 明显提高，FA-SCC 的应变能和相对韧性随粉煤灰掺量的增加均呈现先增加后减小的趋势，所有 FA-SCC 的应变能和相对韧性均高于 SCC-0-0。当粉煤灰掺量为 50% 时，FA-SCC 的应变能和相对韧性均最高，分别为 95.60N·m 和 1.30×10^{-3}，相对于 SCC-0-0 分别提高了 99% 和 128%；粉煤灰掺量超过 50% 后，应变能和相对韧性降低，随着粉煤灰掺量的继续增加，应变能和相对韧性的降低幅度得到改善。这说明粉煤灰充分发挥了其微集料效应和火山灰效应，使得 FA-SCC 的内部孔隙缺陷减少，减缓了轴压受力过程中出现的应力集中现象，延长了 FA-SCC 试件的破坏时间，从而提高了 FA-SCC 受压破坏时所吸收的能量，增大了应变能和相对韧性。然而，当粉煤灰掺量超过最优临界值后，由于粉煤灰需水量较大，导致体系内的水分相对减少，无法充分进行水化，从而造成 FA-SCC 结构的原始内部孔隙缺陷增多，导致高掺量粉煤灰条件下，FA-SCC 的应变能和相对韧性在一定程度上出现降低。

5.2　钢纤维增强 SCC 力学性能研究

5.2.1　抗压强度

图 5-5 为钢纤维体积分数对 SF-SCC 各龄期抗压强度的影响。

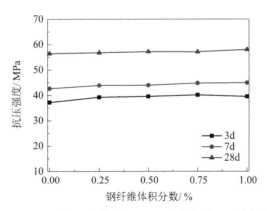

图 5–5　钢纤维体积分数对 SF-SCC 各龄期抗压强度的影响

由图 5–5 可知，钢纤维体积分数对 SF-SCC 各龄期抗压强度的影响不明显，当体积分数介于 0～0.25% 之间时，早期抗压强度有明显提高，3d、7d 抗压强度分别提高了 5% 和 3%，随着龄期的增加，钢纤维体积分数对 SF-SCC 抗压强度的提高幅度逐渐减小；当钢纤维体积分数为 1.00% 时，3d 抗压强度略有降低，但仍高于未掺钢纤维的 SCC，28d 抗压强度提高幅度较高，达到 3%。这是由于早期 SF-SCC 体系中水泥石未完全硬化，受压过程中钢纤维体积分数对抗压强度的影响比较明显，随着龄期的增加，水泥水化反应充分，SF-SCC 体系内水泥石的结构相对稳定，钢纤维的掺入能够分散水泥石基体受到的荷载，当 SF-SCC 中微小裂纹受荷扩展时必将遇到钢纤维，裂纹绕过钢纤维继续扩展时，跨越裂纹的钢纤维将力传递给未开裂的混凝土，裂纹尖端的应力集中程度得到缓解，随着钢纤维体积分数的增加，体系内钢纤维之间的相互搭接效果更加显著，裂纹扩展的阻碍更多，因此在一定程度上提高了 SF-SCC 的抗压强度。

5.2.2　弯拉强度

图 5–6 为钢纤维体积分数对 SF-SCC 劈裂抗拉强度和抗折强度的影响。

由图 5–6 可知，SF-SCC 的劈裂抗拉强度和抗折强度均随钢纤维体积分数的增加而增加，当钢纤维体积分数为 1.00% 时，劈裂抗拉强度和抗折强度增加幅度均达到最大，较未掺钢纤维 SCC 分别提高了 61% 和 29%；当体积分数介于 0.50%～0.75% 之间时，劈裂抗拉强度的增加幅度不明显，钢纤维体积分数介于 0.25%～0.75% 之间时，抗折强度的增加幅度较小。这是因

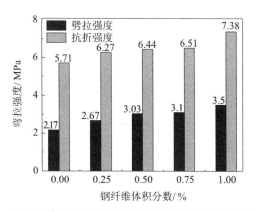

图 5-6　钢纤维体积分数对 SF-SCC 劈拉强度和抗折强度的影响

为加入钢纤维后，钢纤维在混凝土中相互搭接，在受拉或受弯过程中，SF-SCC 基体开裂后，具有较大变形能力的钢纤维将起到承担拉力并保持基体裂缝缓慢扩展的作用，直到钢纤维被拉断或者从基体中拔出，从而提高劈裂抗拉、抗折强度。在劈裂抗拉试验和抗折试验过程中发现，不加钢纤维的 SCC 破坏表现为脆性断裂；掺入钢纤维后的破坏表现出一定的延性，试块断裂面有钢纤维连接而没有完全断开，上述表明，钢纤维的加入能够改善 SF-SCC 的弯拉性能，缓解其脆性破坏强度。

5.2.3　弹性模量

图 5-7 为钢纤维体积分数对 SF-SCC 弹性模量的影响。

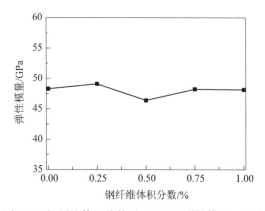

图 5-7　钢纤维体积分数对 SF-SCC 弹性模量的影响

由图 5-7 可知，随着钢纤维体积分数的增加，SF-SCC 弹性模量的变化规律具有波动性，当钢纤维体积分数介于 0~0.25% 时，弹性模量逐渐增加，体积分数为 0.50% 时，弹性模量最小，体积分数超过 0.50% 后，弹性模量逐渐增加，但仍略小于未掺钢纤维 SCC 的弹性模量值。这是由于钢纤维的弹性模量和拉伸强度远超过水泥基材料，加入少量钢纤维后，提高了 SF-SCC 的弹性模量；随着钢纤维体积分数的增加，钢纤维的引气效果致使 SF-SCC 的孔隙率增加，混凝土内部缺陷增多，导致弹性模量降低；钢纤维体积分数继续增加，SF-SCC 中钢纤维数量增加，在混凝土内部无序排列，形成多向约束，其阻裂增韧作用更为突出，因而导致 SF-SCC 的弹性模量小于未掺钢纤维 SCC。

5.2.4　轴压变形性能

SF-SCC 轴压变形性能试验的分析方法与 5.1.4 节相同，SF-SCC 轴压条件下的应力－应变曲线见图 5-8。

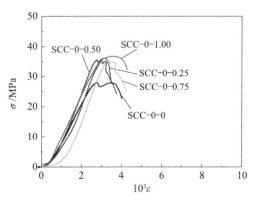

图 5-8　SF-SCC 轴压条件下应力－应变曲线

按照式（5-1）~式（5-4），依据图 5-8 的 SF-SCC 轴压条件下应力－应变曲线，计算得出的极限应力（σ_0）、峰值应变（ε_0）、应变能（V_ε）和相对韧性（Γ）列于表 5-2。

SF–SCC 的 σ_0、ε_0、V_ε 和 Γ 表 5–2

编号	σ_0 / MPa	$\varepsilon_0 / \times 10^3$	$V_\varepsilon / \text{N} \cdot \text{m}$	$\Gamma / \times 10^3$
SCC-0-0	28.00	2.77	48.08	0.57
SCC-0-0.25	35.31	3.01	58.40	0.55
SCC-0-0.50	36.16	3.20	69.08	0.63
SCC-0-0.75	35.67	3.32	59.18	0.55
SCC-0-1.00	36.80	3.52	88.21	0.80

由图 5-8 可知，SF-SCC 试件在轴压条件下均有弹性变形阶段、非线性强化阶段和应变软化阶段，当钢纤维体积分数为 1.0% 时，应变软化阶段最不明显，这可能是由试验机刚度不够造成的。结合表 5-2 数据可知，掺入钢纤维可显著提高 SF-SCC 的极限应力、峰值应变和应变能。然而，钢纤维体积分数的改变对其轴压变形性能影响不太明显，当钢纤维体积分数介于 0.25%～0.50% 之间时，SF-SCC 的极限应力逐渐增大，增加幅度较小；体积分数为 0.75% 时，极限应力较 0.50% 时略有降低，但仍显著高于未掺钢纤维 SCC，随着钢纤维体积分数增加到 1.0% 时，SF-SCC 的极限应力增加到最大，较 SCC-0-0 增加了 31%。加入钢纤维后明显提高了 SF-SCC 的峰值应变，随着钢纤维体积分数的增加，SF-SCC 峰值应变逐渐增大，当钢纤维体积分数为 1.00%，和 SCC-0-0 试件相比，峰值应变提高了 27%。这是由于加入一定数量的钢纤维后，钢纤维的抗拉开裂应变比混凝土基体高，受力过程中试件的横向变形逐渐增大，达到极限应力后开始产生竖向裂缝，此时 SF-SCC 体系中的钢纤维起到了约束变形，阻止开裂的作用，然而，随着钢纤维体积分数的增加，钢纤维之间的搭接、结团明显，钢纤维－混凝土基体和钢纤维－钢纤维之间的薄弱区增多，SF-SCC 体系结构的内部缺陷增加，从而导致当钢纤维体积分数 0.75% 时的极限应力略微降低，随着钢纤维体积分数的继续增加，钢纤维的增强阻裂作用发挥主要作用，从而在一定程度上改善了 SF-SCC 的极限应力。

由表 5-2 可知，加入钢纤维后，SF-SCC 的应变能明显高于未掺钢纤维 SCC，相对韧性呈先增后减再增的趋势。当钢纤维体积分数为 0.25% 时，

SF-SCC 的应变能较 SCC-0-0 增加了 10%，而相对韧性没有明显的变化，随着钢纤维体积分数增大，SF-SCC 的应变能和相对韧性逐渐增加，当体积分数增加至 0.75% 时，由于 SF-SCC 体系结构的内部缺陷增多，造成其应变能和相对韧性有所降低，但应变能仍显著高于 SCC-0-0，钢纤维体积分数继续增加至 1.00% 时，应变能和相对韧性达到最大，分别为 88.21N·m 和 0.80×10^{-3}，其相对 SCC-0-0 分别提高了 83% 和 40%。这表明 SF-SCC 在受力过程中，钢纤维的不定向分布使试件由集中受力转变为分散受力，当 SF-SCC 受力破坏时，横架于混凝土结构内的钢纤维可以充分发挥其约束变形的作用，有效抑制混凝土内部微裂纹的产生，改变其裂纹扩展路径，增加 SF-SCC 破坏时吸收的能量，增强了 SF-SCC 的应变能和相对韧性。然而，当钢纤维体积分数为 0.75% 时，钢纤维 – 钢纤维界面和钢纤维 – 水泥石基体界面的缺陷增多，此时 SF-SCC 结构的界面为主导条件，导致 SF-SCC 的应变能和相对韧性出现小幅度的降低，当钢纤维体积分数继续增加至 1.00%，钢纤维的增强阻裂作用发挥主导优势，SF-SCC 的应变能和相对韧性又继续提高。

5.3　钢纤维增强高掺量粉煤灰 SCC 力学性能研究

5.3.1　抗压强度

图 5–9～图 5–12 分别为不同粉煤灰掺量下，钢纤维体积分数对 SFFA-SCC 各龄期抗压强度的影响。

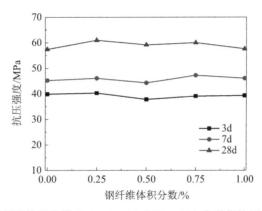

图 5–9　钢纤维体积分数对 SFFA-SCC（*FA*-40%）各龄期抗压强度的影响

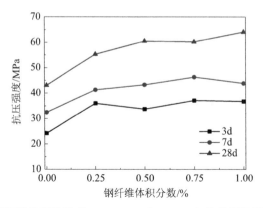

图 5-10　钢纤维体积分数对 SFFA-SCC（*FA*-50%）各龄期抗压强度的影响

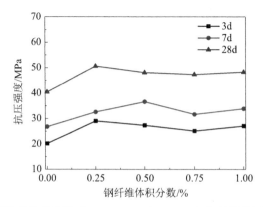

图 5-11　钢纤维体积分数对 SFFA-SCC（*FA*-60%）各龄期抗压强度的影响

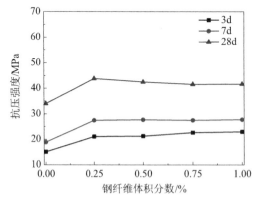

图 5-12　钢纤维体积分数对 SFFA-SCC（*FA*-70%）各龄期抗压强度的影响

由图 5-9～图 5-12 可知：

（1）加入钢纤维后，SFFA-SCC 各龄期抗压强度均出现显著提高，粉煤灰掺量超过 40% 后，SFFA-SCC 抗压强度增加幅度较明显，其 28d 最大增加幅度达到 28%，但随着钢纤维体积分数的增加，SFFA-SCC 各龄期抗压强度的变化范围较小。

（2）相同钢纤维体积分数条件下，SFFA-SCC 各龄期抗压强度随粉煤灰掺量的增加而减小，钢纤维体积分数 0.75% 时、粉煤灰掺量 70% 时，SFFA-SCC 的 3d、7d 和 28d 抗压强度较粉煤灰掺量 40% 时分别降低了 40%、40% 和 31%。随着养护龄期的增加，水泥水化反应更加充分，同时，粉煤灰的火山灰效应开始发挥作用，粉煤灰与水泥水化产物 CH 晶体的二次水化产物填充于毛细孔结构中，提高了结构的整体密实性，从而改善了 SFFA-SCC 的后期抗压强度。

（3）相同粉煤灰掺量条件下，钢纤维体积分数的增加对 SFFA-SCC 各龄期抗压强度影响不太明显，粉煤灰掺量 40% 和 50%、钢纤维体积分数 0.75% 时，SFFA-SCC 的 3d、7d 抗压强度的改善效果最为显著，较钢纤维体积分数为 0.25% 时 7d 抗压强度分别提高了 3% 和 12%，而 28d 抗压强度的最大值均介于钢纤维体积分数为 0.75%～1.00% 之间，较钢纤维体积分数 0.25% 时抗压强度的变化范围在 16% 以内；粉煤灰掺量 60% 和 70% 时，SFFA-SCC 的 28d 抗压强度较钢纤维体积分数 0.25% 均呈现小幅度的降低，降低幅度在 5% 以内，变化范围不明显。

5.3.2　弯拉强度

图 5-13、图 5-14 分别为不同粉煤灰掺量下，钢纤维体积分数对 SFFA-SCC 劈裂抗拉强度和抗折强度的影响。

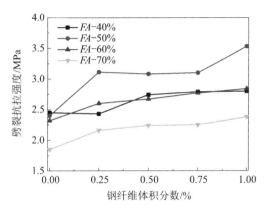

图 5-13　钢纤维体积分数对 SFFA-SCC 劈裂抗拉强度的影响

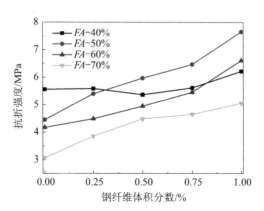

图 5-14　钢纤维体积分数对 SFFA-SCC 抗折强度的影响

由图 5-13 和图 5-14 可知，SFFA-SCC 的劈裂抗拉强度和抗折强度随着钢纤维体积分数的增加均呈现逐渐增加的变化趋势。SFFA-SCC 的劈裂抗拉强度和抗折强度均在粉煤灰掺量 50% 时达到最大，这是由于掺入粉煤灰后，粉煤灰的火山灰效应和填充效应改变了 SFFA-SCC 的体系内部孔结构，使其整体结构更加密实，从而增加了其弯拉性能；然而，随着粉煤灰掺量继续增加，体系中水泥含量逐渐减少，粉煤灰活性较水泥低，故降低了 SFFA-SCC 的劈裂抗拉强度和抗折强度。

当钢纤维体积分数介于 0.75%～1.00% 之间时，SFFA-SCC 的弯拉强度均显著增加，粉煤灰掺量分别为 50% 和 60% 时，SFFA-SCC 的劈裂抗拉强度和抗折强度增加幅度较明显，和相同粉煤灰掺量下未掺钢纤维 SCC 相比分别提高了 47% 和 58%。这主要是因为钢纤维在试件受拉或受弯时充分发挥其增强阻裂作用，当混凝土基体开裂后，横架于 SFFA-SCC 结构内部裂纹中的钢纤维承担拉力，减缓了基体微裂纹的扩展、贯通，从而有效地提高了 SFFA-SCC 的劈裂抗拉强度和抗折强度。从劈裂抗拉和抗折试验发现，未加钢纤维粉煤灰 SCC 表现为脆性破坏，钢纤维的掺入使 SFFA-SCC 表现出一定的延性，试件断裂面由于钢纤维的连接而没有完全断开，上述研究表明，加入钢纤维可以改善 SFFA-SCC 的弯拉性能，缓解其脆性破坏方式。

5.3.3 弹性模量

图 5-15 为不同粉煤灰掺量下，钢纤维体积分数对 SFFA-SCC 弹性模量的影响。

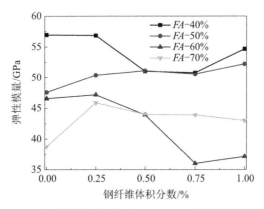

图 5-15 钢纤维体积分数对 SFFA-SCC 弹性模量的影响

由图 5-15 可知，随着钢纤维体积分数的增加，除粉煤灰掺量 50% 外，SFFA-SCC 的受压弹性模量基本均呈现先增后减的变化趋势，当钢纤维体积分数为 0.25% 时，SFFA-SCC 的弹性模量均达到最大值，体积分数大于 0.25% 后，弹性模量逐渐减小。SFFA-SCC 的弹性模量在粉煤灰掺量为 40% 时最大，随着粉煤灰掺量增加至 70%，弹性模量较掺量为 40% 时最大降低了 21%。这是由于粉煤灰活性低于水泥活性，用粉煤灰大量取代水泥后，体系水泥含量减少，从而降低了水泥水化产物中 CH 含量，进一步影响了粉煤灰与 CH 的二次水化过程，从而降低了 SFFA-SCC 的受压弹性模量；钢纤维的引入可以增加其弹性模量，但其增强效果不明显，随着钢纤维体积分数的增加，体系中的微观缺陷增多，钢纤维的增强效果减弱，从而降低了 SFFA-SCC 的弹性模量。

5.3.4 轴压变形性能

SFFA-SCC 轴压变形性能试验的分析方法与 5.1.4 节相同，SFFA-SCC 轴压条件下的应力－应变曲线见图 5-16。

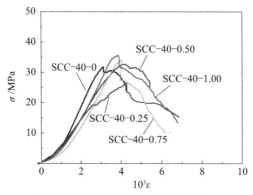

（a）SFFA-SCC 轴压应力-应变曲线（*FA*-40%）

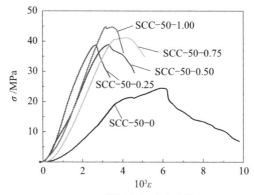

（b）SFFA-SCC 轴压应力-应变曲线（*FA*-50%）

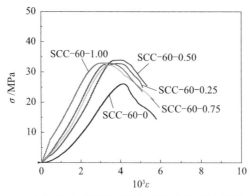

（c）SFFA-SCC 轴压应力-应变曲线（*FA*-60%）

图 5-16　SFFA-SCC 轴压条件下应力－应变曲线

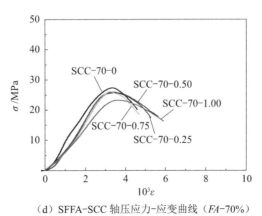

（d）SFFA-SCC 轴压应力–应变曲线（FA-70%）

图 5-16　SFFA-SCC 轴压条件下应力–应变曲线（续）

按照式（5-1）～式（5-4），依据图 5-16 的 SFFA-SCC 轴压条件下应力–应变曲线，计算得出的极限应力（σ_0）、峰值应变（ε_0）、应变能（V_ε）和相对韧性（$\varGamma$）列于表 5-3。

SFFA-SCC 的 σ_0、ε_0、V_ε 和 $\varGamma$　　　　表 5-3

编号	σ_0 /MPa	ε_0 / $\times 10^3$	V_ε /N·m	$\varGamma$ / $\times 10^3$
SCC-40-0	31.85	3.11	57.23	0.60
SCC-40-0.25	26.52	4.27	74.72	0.94
SCC-40-0.50	32.75	4.21	88.46	0.90
SCC-40-0.75	34.09	4.00	71.60	0.70
SCC-40-1.00	35.65	3.83	76.95	0.72
SCC-50-0	24.45	5.95	95.60	1.30
SCC-50-0.25	38.76	2.65	66.48	0.57
SCC-50-0.50	38.90	3.32	84.70	0.72
SCC-50-0.75	41.15	4.18	112.58	0.91
SCC-50-1.00	44.77	3.17	83.80	0.62
SCC-60-0	26.13	4.14	61.18	0.78
SCC-60-0.25	32.81	3.85	90.14	0.92

续表

编号	σ_0 /MPa	ε_0 / $\times 10^3$	V_ε /N·m	Γ / $\times 10^3$
SCC-60-0.50	33.93	4.02	87.31	0.86
SCC-60-0.75	32.23	3.49	72.17	0.75
SCC-60-1.00	32.96	3.35	70.82	0.72
SCC-70-0	27.32	3.36	64.17	0.78
SCC-70-0.25	25.94	3.38	57.75	0.74
SCC-70-0.50	25.70	3.55	62.22	0.81
SCC-70-0.75	26.08	3.34	52.74	0.67
SCC-70-1.00	23.28	3.64	50.69	0.72

由图 5-16 可知，SFFA-SCC 在轴压条件下均出现了弹性变形阶段、非线性强化阶段和应变软化阶段，粉煤灰掺量为 40% 时出现了明显的应力突然跌落阶段，所有 SFFA-SCC 在轴压条件下应力－应变曲线的下降段均没有得到较完整曲线，这是由压力试验机刚度不够造成的。结合表 5-3 数据可知：

（1）随着钢纤维体积分数的增加，粉煤灰掺量 40% 的 SFFA-SCC 的极限应力逐渐增大，当体积分数为 0.25% 时，引入少量的钢纤维在混凝土内部形成了许多钢纤维－基体界面薄弱区，使其极限应力较 SCC-40-0 明显降低，其降低幅度为 17%。粉煤灰掺量 40% 条件下，SFFA-SCC 的峰值应变随钢纤维体积分数的增加而逐渐减小，但与 SCC-40-0 相比明显提高，当钢纤维体积分数介于 0.25%～0.50% 时，峰值应变增幅最大，较 SCC-40-0 提高了 35%。这表明加入一定数量的钢纤维后，钢纤维在混凝土受压开裂时能起到约束变形的作用，提高 SFFA-SCC 的轴压变形能力；然而，随着钢纤维数量的增多，其结构内部缺陷增加，从而在一定程度上降低了 SFFA-SCC 的轴压变形能力。

加入钢纤维后，粉煤灰掺量 40% 的 SFFA-SCC 应变能和相对韧性较 SCC-40-0 明显提高，随着钢纤维体积分数的增加，应变能和相对韧性呈先增后减的变化趋势，但所有粉煤灰掺量 40% 的 SFFA-SCC 的应变能和相对韧性均大于 SCC-40-0。当钢纤维体积分数为 0.50% 时，应变能和相对韧性最高，分别达到 88.46 N·m 和 0.90×10^{-3}，其相对 SCC-40-0 分别提高了 54% 和 50%，这说明钢纤维在 SFFA-SCC 受压开裂时能够有效抑制微裂纹的产生与扩展，增大其应变能和相对韧性；当体积分数大于 0.50% 时，由于 SFFA-SCC 的内部缺陷增多，造成其应变能和相对韧性在一定程度上有所降低。

（2）随着钢纤维体积分数的增加，粉煤灰掺量 50% 的 SFFA-SCC 的极限应力逐渐增大，钢纤维体积分数 1.00% 时，极限应力达到最大，较 SCC-50-0 提高了 83%。粉煤灰掺量 50% 条件下，SFF-SCC 的峰值应变均低于 SCC-50-0，这是由于掺加粉煤灰后，粉煤灰的微集料效应和火山灰效应使得混凝土内部结构更加致密，强度较高，压力试验机的刚度较小，造成应力 – 应变曲线的下降段较短，曲线不完整。

加入钢纤维后，粉煤灰掺量 50% 的 SFFA-SCC 的应变能除 SCC-50-0.75 均小于 SCC-50-0，相对韧性全部小于 SCC-50-0，这一方面是因为加入钢纤维后，SCC 结构内部的原始缺陷增多，如钢纤维 – 钢纤维界面过渡区、钢纤维 – 水泥石界面过渡区和粗骨料 – 水泥石界面过渡区等；另一方面是掺入粉煤灰后，SCC 强度较高，应力 – 应变曲线的不完整造成的结果。

（3）钢纤维的加入使得粉煤灰掺量 60% 的 SFFA-SCC 的极限应力明显高于 SCC-60-0，SFFA-SCC 的极限应力随钢纤维体积分数的增加无显著的变化，当体积分数为 0.50% 时，极限应力为 33.93 MPa，较 SCC-60-0 增加了 30%。粉煤灰掺量 60% 的 SFFA-SCC 的峰值应变均小于 SCC-60-0，随着钢纤维体积分数的增加，峰值应变呈先增加后减小的趋势，在钢纤维体积分数为 0.50% 时峰值应变最大，但仍略小于未掺钢纤维的 SCC-60-0。这说明当粉煤灰掺量较高时，SFFA-SCC 的极限应力较低，加入钢纤维后，钢纤维的增强阻裂作用可以显著提高其极限应力。

粉煤灰掺量 60% 的 SFFA-SCC 的应变能和相对韧性随钢纤维体积分数的增加均呈先增加后减小的趋势，当钢纤维体积分数介于 0.25%～0.50% 之间时，其应变能和相对韧性较大，分别达到 90.14 N•m 和 0.92×10^{-3}，较 SCC-60-0 分别提高了 47% 和 18%，这是由于横架于 SFFA-SCC 内部的钢纤维，约束了混凝土轴压时的横向变形，改变了其内部微裂纹的扩展路径，消耗了 SFFA-SCC 破坏时所吸收的能量，提高了其应变能和相对韧性；然而，随着钢纤维体积分数的继续增加，其应变能和相对韧性有所降低，这是因为钢纤维的"棚架"作用降低了 SFFA-SCC 的流动性，结构内部孔隙和原始裂纹增多，造成其应变能和相对韧性的降低。

（4）加入钢纤维后，粉煤灰掺量 70% 的 SFFA-SCC 的极限应力低于 SCC-70-0，当体积分数为 1.00% 时，其极限应力最小，较 SCC-70-0 降低了 15%；SFFA-SCC 的峰值应变随钢纤维体积分数的变化不明显，最大仅增加了 8%。这是因为掺入 70% 粉煤灰后，SFFA-SCC 的力学性能本身较低，钢纤维的加入在混凝土中引入了少量的内部缺陷，如孔隙、裂纹等，造成 SFFA-SCC 的轴压变形性能在一定程度上有所降低。

粉煤灰掺量 70% 的 SFFA-SCC 的应变能和相对韧性均低于 SCC-70-0，随着钢纤维体积分数的增加，应变能和相对韧性均呈先增加后减小的趋势，当体积分数为 0.50% 时，应变能和相对韧性较好，但其应变能仍略小于 SCC-70-0，当体积分数介于 0.75%～1.00% 之间时，应变能和相对韧性最小，和 SCC-70-0 相比分别降低了 18% 和 14%。这表明当粉煤灰掺量 70% 时，钢纤维增强阻裂的作用未能在 SFFA-SCC 中发挥其作用，引入钢纤维后所带来的原始缺陷发挥主导作用，从而降低了粉煤灰掺量 70% 的 SFFA-SCC 的应变能和相对韧性。

5.4 本章小结

本章研究了 FA-SCC、SF-SCC 和 SFFA-SCC 的抗压强度、劈裂抗拉强度、抗折强度、弹性模量和轴压变形性能，探索各系列 SCC 力学性能随粉煤灰掺量和钢纤维体积分数的变化规律，并分析两种改性措施的作用机理，主要结论如下：

（1）随着粉煤灰掺量增加，FA-SCC 的 3d、7d、28d 抗压强度均呈先增后减的趋势，当粉煤灰掺量为 40% 时，各龄期抗压强度均高于未掺粉煤灰 SCC；劈裂抗拉强度和抗折强度均逐渐减小，且均低于未掺粉煤灰 SCC；弹性模量呈先增后减的趋势，当粉煤灰掺量为 40% 时，和未掺粉煤灰 SCC 相比，弹性模量显著提高；轴压变形性能呈现先增后减的趋势，所有 FA-

SCC 的应变能和相对韧性均高于 SCC-0-0。

（2）随着钢纤维体积分数的增加，SF-SCC 的 3d、7d、28d 抗压强度的影响不明显；劈裂抗拉强度和抗折强度均显著增加；弹性模量的变化具有波动性，当钢纤维体积分数 0.50% 时最小；和未掺钢纤维 SCC 相比，钢纤维的引入可显著改善 SF-SCC 的轴压变形性能，但钢纤维体积分数的改变对其轴压变形性能影响不太明显。

（3）加入钢纤维后，SFFA-SCC 各龄期抗压强度均出现显著提高，钢纤维体积分数的增加对各龄期抗压强度的影响较小，当粉煤灰掺量超过 40% 后，各龄期抗压强度增加幅度较明显；劈裂抗拉强度和抗折强度随钢纤维体积分数的增加而增加，在粉煤灰掺量 50% 时劈裂抗拉强度和抗折强度均达到最大；除粉煤灰掺量 50% 外，SFFA-SCC 的弹性模量随钢纤维体积分数的增加呈先增后减的趋势，钢纤维体积分数 0.25% 时弹性模量值最大；粉煤灰掺量为 40% 和 50% 时，SFFA-SCC 的轴压变形性能得到显著改善，且随钢纤维体积分数的增加应变能和相对韧性呈先增后减的趋势，掺量为 60% 时，应变能和相对韧性的改善效果不明显，掺量为 70% 时，钢纤维体积分数的改变对应变能和相对韧性的影响不明显。

混凝土作为复杂的多孔材料，其渗透性是决定耐久性能优劣的关键因素。因为侵蚀介质能通过孔结构、微裂缝进入混凝土内部，发生物理化学反应，最终造成钢筋锈蚀、盐类侵蚀破坏。而粉煤灰的掺入以及 SCC 高胶凝材料用量、低水胶比、高砂率的特点使内部结构的渗透性能更加复杂，因此，有必要研究高掺量粉煤灰 SCC 的氯离子渗透性能、孔结构和微观结构在不同粉煤灰掺量条件下的变化规律。

本章基于 C40 普通 SCC 配合比，采用粉煤灰 + 消石灰粉取代水泥制备粉煤灰 SCC，粉煤灰 + 消石灰粉掺量为 0、40%、50%、60%、70%，分别记为 SCC-0-0、SCC-40-0、SCC-50-0、SCC-60-0、SCC-70-0，具体配合比见表 2-3。

6.1 粉煤灰掺量对 SCC 抗氯离子渗透性能的影响

我国《普通混凝土长期性能和耐久性能试验方法标准》GB/T 50082—2009 中规定的混凝土渗透性能评价指标见表 6-1。实测不同粉煤灰掺量 SCC 的 6h 电通量如图 6-1 所示。

混凝土渗透性能评价指标 表 6-1

6h 电通量 /C	氯离子渗透性评价
> 4000	高
2000～4000	中等
1000～2000	低

续表

6h 电通量 /C	氯离子渗透性评价
100～1000	极低
< 100	可忽略

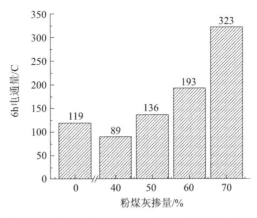

图 6-1　粉煤灰掺量对 SCC 的 6h 电通量的影响

图 6-1 为粉煤灰掺量对 SCC 的 6h 电通量的影响。由图 6-1 可知，SCC 6h 电通量随粉煤灰取代率的持续升高先下降后升高。掺量 40% 时，6h 电通量达到最低值 89C，较未掺粉煤灰组降低 25%，依据表 6-1 中的数据可知，属于可以忽略的渗透水平。当粉煤灰掺量 50% 时，SCC 的电通量与未掺粉煤灰组接近，较掺量 40% 时增加 53%，粉煤灰掺量越高，电通量增幅越显著，当粉煤灰掺量 70% 时，6h 电通量达到最大值 323C，较未掺粉煤灰组电通量增加了 1.71 倍，较掺量 40% 时增加了 2.63 倍。但高掺量粉煤灰 SCC 的渗透性总体上均属于极低渗透水平。

6.2　粉煤灰掺量对 SCC 孔结构的影响

表 6-2 为粉煤灰掺量对 SCC 孔结构的影响，图 6-2 为粉煤灰掺量对 SCC 累计孔隙率的影响。

粉煤灰掺量对 SCC 孔结构的影响　　　　表 6-2

孔结构		SCC-0-0	SCC-40-0	SCC-50-0	SCC-60-0	SCC-70-0
平均孔径 /nm		11.62	12.43	13.50	12.68	17.45
孔隙率 /%		16.39	20.46	20.95	22.30	24.10
分形维数		2.63	2.73	2.67	2.73	2.59
孔径分布 /%	< 20nm	9.11	10.45	10.05	11.18	9.41
	20~50nm	2.98	3.10	4.18	3.34	4.28
	50~200nm	3.73	5.89	5.91	6.65	9.32
	> 200nm	84.18	80.56	79.86	78.83	76.99

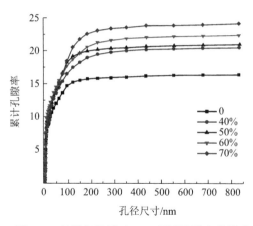

图 6-2　粉煤灰掺量对 SCC 累计孔隙率的影响

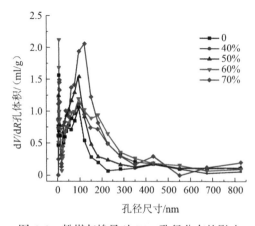

图 6-3　粉煤灰掺量对 SCC 孔径分布的影响

从表 6-2 和图 6-2 可以观察出，SCC 的孔隙率与粉煤灰取代率的增加呈正相关，取代率由 0 增加到 40% 时，孔隙率增加 4.07%，取代率 50% 的孔隙率与取代率 40% 时基本相同，取代率继续增加，则孔隙率线性增加。SCC 的平均孔径与粉煤灰取代率呈正相关，粉煤灰取代率小于 60% 时，平均孔径基本相同，取代率由 60% 增加到 70% 时，平均孔径显著增大。粉煤灰取代率的增加使分形维数先增加后降低，但变化幅度并不明显。图 6-3 为粉煤灰掺量对 SCC 孔径分布的影响，从表 6-2 和图 6-3 可以看出，当粉煤灰掺量小于 60% 时，最可几孔径保持在 100nm，掺量超过 60% 时，最可几孔径达到 120nm。

6.3　高掺量粉煤灰 SCC 孔结构对氯离子渗透性能的影响

SCC 抗氯离子渗透性能由结构的密实性和对氯离子的吸附能力两方面决定。水胶比的大小基本决定了混凝土的密实性，而 SCC 低水胶比的特性从根本上决定了其具有较强阻止氯离子渗透的能力。此外，粉煤灰颗粒的微集料效应和火山灰效应细化了孔结构，将大孔转化为小孔，将部分连通孔变成了封闭孔。而且粉煤灰颗粒和水化产物对侵蚀离子的物理以及化学吸附也提高了 SCC 的抗氯离子渗透能力，但掺量过高时，粉煤灰颗粒的聚集效应显著弱化了其微集料效应，反而降低混凝土的密实性，增加了大孔和有害孔数量。另一方面，过量粉煤灰的掺入，降低了混凝土中水泥的含量，减少了 C-S-H 凝胶和水化铝酸钙的生成量，对氯离子结合产生了不利的影响，两者的相互叠加作用致使 SCC 抗氯离子渗透能力的降低。

从表 6-2 可以看出，材料的孔隙率并不是其抗渗性能优劣的决定性因素。影响混凝土渗透性的主要因素并不是内部结构的孔隙率，即使孔隙率相同，但其渗透性能也会存在极大差异，渗透性和总孔隙率之间并不存在相关性。因为并非全部的孔隙和裂纹都可以作为侵蚀物质进入内部的渠道，只有相互连通的裂缝才能成为渗透的通道，且路径越曲折越不容易发生渗透。渗透路径的曲折性由孔结构的分形维数来表示，分形维数越大，代表孔结构越复杂，侵蚀物质进入混凝土内部的通道越曲折，越不容易发生渗透现象。同时内部孔隙率高但孔隙之间存在极少的内部连通，或者孔隙尺寸大，数量多，但之间未形成连通的渗透通道，所以渗透性低；孔隙尺寸小，数量少，但彼此之间连通度高，或者孔隙数量多，并且彼此之间相互连通，所以渗透性高。因此，分析混凝土渗透性时要综合考虑孔结构的分形维数以及孔隙的连通性，才能更加准确预测其抗渗性能。

6.4 高掺量粉煤灰 SCC 微观结构对氯离子渗透性能的影响

图 6-4 为未掺粉煤灰 SCC 的 SEM 图片。

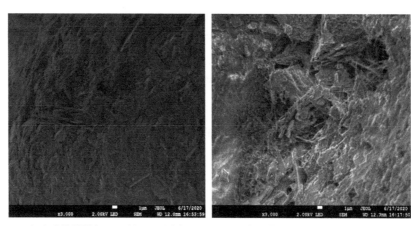

（a）未掺粉煤灰 SCC 的 SEM 图片　　　（b）未掺粉煤灰 SCC 的 SEM 图片

图 6-4　未掺粉煤灰 SCC 的 SEM 图片

（a）40% 粉煤灰 SCC 的 SEM 图片　　　（b）60% 粉煤灰 SCC 的 SEM 图片

图 6-5　掺粉煤灰 SCC 的 SEM 图片

由图 6-4 可以看出，未掺粉煤灰 SCC 的内部存在明显且连通的裂缝，水化产物 C-S-H 凝胶、六方薄板层状 Ca（OH）$_2$ 和针状钙矾石，彼此镶嵌，但水化产物结构都比较疏松，之间仍存在较大空隙，成为侵蚀介质进入混凝土内部的通道。图 6-5（a）为 40% 粉煤灰掺量 SCC 的 SEM 图片，从图中可以看出，存在大量蠕虫状的 C-S-H 凝胶物质，且水化产物彼此之间紧密连接。图 6-5（b）为 60% 粉煤灰掺量 SCC 的 SEM 图片，从图中可以看出，内部存在大量未水化的粉煤灰颗粒，且密实性较低，能明显看到较多连通裂缝的存在。

粉煤灰和 Ca（OH）$_2$ 的二次水化生成更多 C-S-H 凝胶结构，填充于孔隙或者阻塞贯通的毛细孔，降低连通孔的数量，增加孔隙的曲折度。且粉煤灰的掺入能优化胶凝材料的颗粒级配，增加侵蚀物质进入 SCC 内部发生侵蚀破坏的难度。同时二次水化使 Ca（OH）$_2$ 的含量减少，从而改善界面过渡区 Ca（OH）$_2$ 的取向度，优化界面过渡区，提高阻碍氯离子扩散的能力。但由于水化产物 Ca（OH）$_2$ 的含量有限，掺量过高时，过多的粉煤灰颗粒未能参与水化反应，且水泥减少的同时致使水化产物的数量显著降低，水化产物之间存在大量连通孔，降低 SCC 的抗氯离子渗透能力。

6.5　本章小结

本章通过电通量试验，研究粉煤灰掺量对 SCC 抗氯离子渗透性能的影响，试验结论如下：

（1）电通量随粉煤灰取代率的增加先下降后升高。掺量 40% 时，电通量达到最低值，仅 89C，属于可以忽略的渗透水平，继续增加粉煤灰掺量，虽然电通量增大，超过未掺粉煤灰组电通量，但均远远低于极低渗透水平界限，可见适宜掺量（40%）的粉煤灰使 SCC 的抗氯离子渗透性能最优。

（2）SCC 的孔隙率随粉煤灰掺量的增加整体呈增加趋势。当粉煤灰掺量小于 60% 时，最可几孔径保持在 100nm，掺量超过 60% 时，最可几孔径达到 120nm。

（3）综合分析孔结构分形维数和孔隙连通性更能准确预测混凝土的抗渗性能，40% 粉煤灰掺量 SCC 的内部比未掺粉煤灰组 SCC 密实，且极少存在连通的孔隙。

第 7 章

高掺量粉煤灰 SCC 抗碳化性能研究

就原材料组成而言，SCC 与同强度等级普通混凝土相比，其主要差异为水胶比低、胶骨比和砂率高，同时，掺入矿物掺合料能明显改善 SCC 的工作性能。但矿物掺合料大量取代水泥会显著降低 SCC 的碱性储备和早期水化产物的数量，抗碳化性能相应降低，进而引发钢筋锈蚀，势必影响到建筑结构的安全性和使用年限。

本章主要研究高掺量粉煤灰 SCC 在试验室条件下加速碳化 3d、7d、14d、28d 后的碳化深度和抗压强度，进一步探究了粉煤灰掺量和碳化龄期对高掺量粉煤灰 SCC 抗碳化性能的影响，并且通过 SEM 观察分析碳化过程对其微观结构的影响，从而分析高掺量粉煤灰 SCC 的碳化机理，为高掺量粉煤灰 SCC 的应用推广提供参考。

7.1 粉煤灰掺量对 SCC 碳化深度的影响

高掺量粉煤灰 SCC 碳化试验配合比采用第 3 章高掺量粉煤灰 SCC 抗氯离子渗透试验所述配合比，表 7-1 为粉煤灰 SCC 各碳化龄期的碳化深度，图 7-1 为粉煤灰掺量对 SCC 碳化深度的影响。

粉煤灰 SCC 各碳化龄期的碳化深度　　　　　表 7-1

编号	碳化深度 /mm			
	3d	7d	14d	28d
SCC-0-0	0	0	0	0
SCC-40-0	0.42	1.03	1.45	1.88
SCC-50-0	1.85	2.70	3.46	4.16

续表

编号	碳化深度 /mm			
	3d	7d	14d	28d
SCC-60-0	2.90	4.24	5.77	7.09
SCC-70-0	6.45	8.74	10.53	12.26

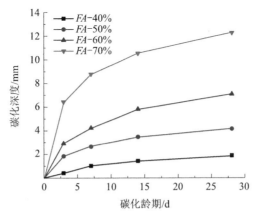

图 7-1　粉煤灰掺量对 SCC 碳化深度的影响

由表 7-1 和图 7-1 可知，任何碳化龄期，粉煤灰 SCC 的碳化深度与粉煤灰取代率呈正相关，而未掺粉煤灰 SCC 的碳化深度始终为 0。碳化早期，粉煤灰掺量越高，碳化深度增幅越大，碳化后期，增幅相对缓慢，掺量小于 50% 时，碳化 14d 和碳化 28d 碳化深度基本持平，掺量大于 50% 时，碳化深度在后期仍有小幅增长，而粉煤灰掺量 70% 时，碳化深度各龄期均出现显著增长，尤其在碳化早期。

SCC 凝结硬化后期，粉煤灰在水泥水化反应生成的 Ca（OH）$_2$ 和消石灰粉完全水化生成的 Ca（OH）$_2$ 作用下发生二次水化，生成 C-S-H 凝胶或 C-A-H 凝胶，改善薄弱界面过渡区的结构，从而优化内部结构。其微珠颗粒的填充作用能降低混凝土孔隙率，将大孔转化成小孔，细化混凝土内部孔结构。粉煤灰取代水泥后，碱性物质 Ca（OH）$_2$ 减少，导致混凝土的碱度降低。虽然，活性效应能增加 C-S-H 凝胶的含量，但是此反应过程不仅需要在碱性环境下进行，同时需要消耗碱性物质，而且过程漫长，主要发生在水化后期。碳化最终生成微溶的碳酸氢钙，增加了混凝土的渗透性，为 CO$_2$

进入混凝土内部提供更多的通道，加速碳化过程的发生；而且当掺量大于20%时，粉煤灰对SCC抗碳化性能的影响是负面作用大于正面作用。

7.2 粉煤灰掺量对SCC抗压强度的影响

表7-2为粉煤灰SCC各碳化龄期的抗压强度。由表7-2可知，基准SCC-0的抗压强度随碳化龄期的增长呈先降低后升高的趋势，在碳化7d时，抗压强度达到最低值，较未碳化试件降低2%。高掺量粉煤灰SCC-40的抗压强度基本随碳化龄期的增长而降低。而SCC-50、SCC-60、SCC-70的抗压强度则分别在碳化龄期14d、7d和3d时达到最低值，而随后抗压强度则出现略微升高现象。说明随粉煤灰掺量的增加，在碳化早期，SCC的抗碳化性能降低，而在碳化后期，$CaCO_3$的生成量增多，填补于碳化生成的孔隙中，力学性能也相应提高。且碳化后混凝土试块的脆性更显著，抗压强度测试过程中，试块破坏时能明显听到"炸裂声"，且外层掉落的试块会飞溅出去。

粉煤灰 SCC 各碳化龄期的抗压强度 表 7-2

编号	抗压强度 /MPa				
	0d	3d	7d	14d	28d
SCC-0-0	81.34	80.79	79.45	85.56	90.06
SCC-40-0	85.82	82.59	81.45	80.47	78.37
SCC-50-0	71.78	69.08	65.98	61.74	67.87
SCC-60-0	65.98	61.03	58.32	68.42	65.81
SCC-70-0	60.49	57.61	63.27	60.92	63.68

7.3 碳化过程对高掺量粉煤灰SCC微观结构的影响

图7-2为SCC加速碳化试验前不同粉煤灰掺量SCC的SEM图片。从图7-2可以看出：未碳化前混凝土内部能明显观察到排列整齐的大量蠕虫

状 C-S-H 凝胶，而未掺粉煤灰混凝土内部仍存在较大的连通孔隙，掺入 40% 粉煤灰的 SCC 中大量蠕虫状 C-S-H 凝胶和六方片状 Ca（OH）₂ 晶体相互簇拥，形成较为密实的连续体，而粉煤灰掺量 50%、60% 和 70% 的混凝土内部存在大量未水化的粉煤灰颗粒和连通裂缝，因为粉煤灰的水化使凝胶物质增多，其填充于凝胶之间以及与其他产物之间的孔隙中，但掺量过高时，由于水泥的大量减少，C-S-H 凝胶和 Ca（OH）₂ 晶体的含量也大量减少，大量粉煤灰颗粒未能参与二次水化作用，并且颗粒彼此间团聚在一起形成较大的颗粒，未能填充于水化产物之间的孔隙中，而产生更多的孔隙。

（a）未掺粉煤灰　　　　　（b）粉煤灰掺量 40%　　　　　（c）粉煤灰掺量 50%

（d）粉煤灰掺量 60%　　　　　（e）粉煤灰掺量 70%

图 7-2　加速碳化试验前 SCC 的 SEM 图片

图 7-3 为加速碳化 28d SCC 的 SEM 图片。混凝土碳化的主要产物是 CO_2 和内部水化产物 Ca（OH）₂ 反应生成的 $CaCO_3$，从图 7-3 中可以看出，经过 28d 快速碳化后，混凝土内部的 C-S-H 凝胶结构由原本排列整齐且彼此紧密衔接的状态变成不再连接的簇状，并且生成大量 $CaCO_3$，内部结构变得疏松多孔，孔径尺寸在变大的同时数量也显著增多，且随粉煤灰掺量的

（a）未掺粉煤灰　　　　（b）粉煤灰掺量 40%　　　　（c）粉煤灰掺量 50%

（d）粉煤灰掺量 60%　　　　（e）粉煤灰掺量 70%

图 7-3　加速碳化 28d SCC 的 SEM 图片

增加，碳化现象越明显。原因在于相较于普通混凝土而言，SCC 已经具有较密实的内部结构，具有良好的耐久性，因此在碳化 28d 后仍未观察到明显的碳化现象，而掺加粉煤灰的 SCC 却出现不同程度的碳化，碳化速率受材料内部碱性高低以及致密性的影响，碱性是指水泥熟料的数量及其水化程度，而粉煤灰的掺入降低水泥用量的同时二次水化生成低碱性 C-S-H 凝胶，导致内部环境碱度降低，而水化产物 Ca（OH）$_2$ 是水泥石结构稳定存在的物质基础，当内部环境的碱度值比 8.8 低时，大量水化产物难以稳定存在而发生分解，严重影响体系的稳定性，加速碳化进程的发生，因此粉煤灰掺量过高时会降低其抵抗碳化的能力。

7.4　本章小结

本章通过快速碳化试验，系统研究了粉煤灰 SCC 在不同碳化龄期下的碳化性能，并进一步从微观层面分析粉煤灰掺量对 SCC 碳化性能的影响规律，试验结果如下：

（1）粉煤灰的掺入降低了 SCC 的抗碳化性能，而未掺粉煤灰组 SCC 具有较好的抗碳化能力，碳化深度在碳化过程中始终为 0，高掺量粉煤灰 SCC 的碳化深度与碳化龄期的增长呈正相关，但碳化深度的增长速率与龄期增长呈负相关，而与粉煤灰取代率的增加呈正相关，在粉煤灰掺量 70% 且碳化 28d 后，碳化深度达到最大值 12.26mm。

（2）基准 SCC 的抗压强度随碳化龄期的增长先降低后升高，在碳化 7d 时达到最低值；高掺量粉煤灰 SCC-40-0 的抗压强度随碳化龄期的增长基本呈降低趋势；粉煤灰掺量 50%、60%、70% 时相应的抗压强度分别在碳化 14d、7d、3d 时达到最低值，而后又略有升高。且碳化前，粉煤灰掺量 40% SCC 的抗压强度达到最优，掺量继续增加会降低 SCC 的抗压强度。

（3）粉煤灰掺量 40%SCC 的内部结构最密实，存在排列整齐的蠕虫状 C-S-H 凝胶，掺量超过 40% 后，会存在大量未水化的粉煤灰颗粒，水化产物数量降低，结构密实度降低；碳化现象越严重，内部存在更多碳化产物 $CaCO_3$。

第 8 章

钢纤维增强高掺量粉煤灰 SCC
抗硫酸盐侵蚀性能研究

混凝土作为高碱性的建筑材料，在酸性环境下，极易遭受各种物质的有害侵蚀，从而破坏混凝土结构，是混凝土遭受侵蚀破坏中最广泛、最普遍的一种形式，所以硫酸盐侵蚀是衡量其耐久性能优劣的关键指标之一，其侵蚀破坏过程是繁杂的物理化学过程。一方面是化学侵蚀破坏，即通过孔隙和裂缝进入混凝土内部的 SO_4^{2-} 与内部水化产物生成具有不易溶解且吸水膨胀的物质，当体系的极限抗拉能力小于侵蚀产物产生的膨胀应力时，其薄弱位置就会发生开裂、表层掉落等现象，致使结构宏观力学性能和耐久性能降低。另一方面是物理盐析破坏，水分蒸发导致渗入混凝土内部的盐结晶析出，其破坏程度比化学侵蚀破坏更迅速、更严重。

本试验基于第 3 章 C40 高掺量粉煤灰 SCC 配合比，加入钢纤维配制钢纤维增强高掺量粉煤灰 SCC，钢纤维体积分数为 0、0.25%、0.50%、0.75%、1.00%。具体配合比见 3.1 节。

8.1 硫酸盐侵蚀前后 SCC 质量变化规律

8.1.1 粉煤灰掺量对质量的影响

表 8-1 为不同干湿循环硫酸盐侵蚀龄期下，钢纤维增强高掺量粉煤灰 SCC 的质量，图 8-1 为粉煤灰掺量对 SCC 质量损失率的影响。由表 8-1 和图 8-1 可知：在干湿循环硫酸盐侵蚀前期质量损失率为负值，试件质量增加；后期质量损失率线性增加，并随干湿循环次数的增加线性增加。干湿循环硫酸盐侵蚀过程中，高掺量粉煤灰 SCC 的质量损失率变化幅度随粉煤灰掺量的增加而增加；15 次和 45 次循环时，SCC-40-0 质量损失率最低，分别为 -0.35% 和 0.61%，SCC-70-0 最高，分别为 -0.54% 和 1.03%。SCC-40-0

和 SCC-50-0 低于基准 SCC-0-0，掺量继续增加则高于 SCC-0-0。

不同干湿循环硫酸盐侵蚀龄期下 SCC 的质量（kg）　表 8-1

编号	干湿循环次数 / 次			
	0	15	30	45
SCC-0-0	9.810	9.854	9.795	9.739
SCC-0-0.25	9.755	9.795	9.741	9.686
SCC-0-0.50	9.809	9.851	9.799	9.741
SCC-0-0.75	9.753	9.792	9.739	9.683
SCC-0-1.00	9.951	9.991	9.937	9.879
SCC-40-0	9.912	9.947	9.902	9.852
SCC-40-0.75	9.967	9.997	9.957	9.908
SCC-50-0	9.824	9.861	9.808	9.756
SCC-50-0.75	9.802	9.837	9.787	9.741
SCC-60-0	9.753	9.804	9.733	9.679
SCC-60-0.25	9.705	9.751	9.686	9.632
SCC-60-0.50	9.801	9.849	9.785	9.731
SCC-60-0.75	9.926	9.978	9.909	9.859
SCC-60-1.00	9.857	9.909	9.841	9.787
SCC-70-0	9.843	9.896	9.823	9.742
SCC-70-0.75	9.918	9.967	9.899	9.817

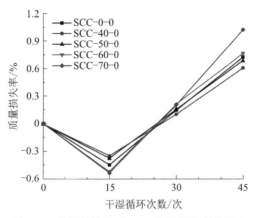

图 8-1　粉煤灰掺量对 SCC 质量损失率的影响

图 8-1　粉煤灰掺量对 SCC 质量损失率的影响（续）

侵蚀前期试件质量出现增长现象，主要原因在于侵蚀前期，试块表面比较完整，无开裂和剥落现象，且侵蚀产物钙矾石的数量和体型较小，能够填充于内部结构的孔隙中，从而使试件的质量出现增长。随干湿循环侵蚀过程的往复，更多 SO_4^{2-} 侵入体系结构，侵蚀产物产生大于孔隙极限承载力的膨胀应力，致使更多裂纹的生成，加快侵蚀离子进入混凝土内部的速度，导致裂缝不断延伸最终相互连通，混凝土表面结构开始剥离掉落，出现掉角现象，质量开始迅速下降。

粉煤灰的火山灰效应和微集料效应降低了内部的孔隙数量，细化孔径尺寸，改善了孔结构，从而降低 SO_4^{2-} 渗透能力。此外粉煤灰的加入，降低了水泥熟料中 C_3A 的含量，进而减少侵蚀产物钙矾石的数量。同时，火山灰反应消耗 $Ca(OH)_2$，使体系碱度下降，缓解碱集料反应，减少钙矾石形成的可能性，避免体积膨胀，而且生成更多 C-S-H 凝胶，提高结构的密实度，因此 40% 粉煤灰掺量对 SCC 的抗硫酸盐侵蚀能力有所提高。掺量继续增加，一方面由于体系内部水化产物数量的减少，结构的密实度降低，另一方面，粉煤灰掺量过高时，颗粒之间的团聚效应致使其不能填补于内部的孔隙中，且随粉煤灰掺量的增加，消石灰粉的含量也增加，而消石灰粉水化生成的 $Ca(OH)_2$ 增加了混凝土被侵蚀的性能，从而降低 SCC 的抗硫酸盐侵蚀能力。

8.1.2　钢纤维掺量对质量的影响

图 8-2 为钢纤维掺量对 SCC 质量损失率的影响。由图 8-2 可知：未掺

粉煤灰组 SCC 和粉煤灰掺量 60%SCC 组的质量损失率均随钢纤维体积分数的增加总体呈降低趋势，且粉煤灰掺量 60%SCC 的质量变化率降低效果高于未掺粉煤灰组。硫酸盐侵蚀 30 次时，粉煤灰掺量 0、钢纤维掺量 0.50%和粉煤灰掺量 60%、钢纤维掺量 0.50% 时，SCC 的质量损失率较相应未掺钢纤维组分别下降 4.5% 和 6.3%。

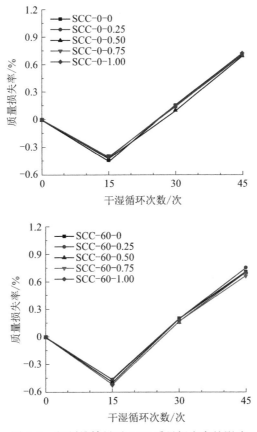

图 8-2　钢纤维掺量对 SCC 质量损失率的影响

　　随侵蚀龄期的增加，侵蚀产物钙矾石的数量不断增加累积，产生的膨胀应力超出混凝土内部孔隙所能承担的极限承载能力，致使裂缝扩展、延伸，加速 SO_4^{2-} 的入侵，而杂乱相间分布的钢纤维能控制已有裂缝的继续扩展和新生裂缝的出现，还能承担钙矾石对孔隙壁产生的部分膨胀压力，提高混凝土的抗侵蚀能力。由图 8-1 可知，钢纤维体积分数一定时，适宜的粉煤灰掺量（40%）能提高混凝土抗硫酸侵蚀能力，因为适宜掺量粉煤灰的存在能降低钢纤维 SCC 的孔隙率和有害孔数量，提高钢纤维和基体间的粘结力。但掺量过高时，上述效应未能充分发挥，且降低了钢纤维与基体间的粘结作用，从而降低钢纤维 SCC 抗硫酸盐侵蚀能力。

8.2　硫酸盐侵蚀前后 SCC 抗压强度和耐蚀系数变化规律

8.2.1　粉煤灰掺量对抗压强度和耐蚀系数的影响

表 8-2 为不同干湿循环硫酸盐侵蚀龄期下，钢纤维增强高掺量粉煤灰 SCC 的抗压强度，图 8-3 为粉煤灰掺量对 SCC 耐蚀系数的影响。由表 8-2 和图 8-3 可知：钢纤维增强高掺量粉煤灰 SCC 的耐蚀系数均随干湿循环硫酸盐侵蚀次数和粉煤灰掺量的增加呈先升高后降低的趋势。15 次循环的耐蚀系数均大于 1，15 次至 30 次循环的耐蚀系数降幅最大，30 次至 45 次循环降幅减缓，SCC-60-0 的耐蚀系数有略微提高，结合表 8-2 和图 8-3 可知，粉煤灰掺量 40% 时，SCC 的 56d 抗压强度和各循环次数耐蚀系数均高于基准试件 SCC-0-0，说明通过消石灰粉提高胶凝材料碱度后，粉煤灰潜在反应活性得到有效激发，并改善其硫酸盐侵蚀性能。粉煤灰掺量 50% 和 60% 时，15 次和 45 次循环的耐蚀系数高于未掺粉煤灰组，30 次循环时低于未掺粉煤灰组；粉煤灰掺量 70% 时，各循环次数下耐蚀系数均明显低于未掺粉煤灰组。

不同干湿循环硫酸盐侵蚀龄期下 SCC 的抗压强度（MPa）　表 8-2

编号	干湿循环次数 / 次			
	0	15	30	45
SCC-0-0	60.91	62.19	59.09	56.19
SCC-0-0.25	63.50	68.28	62.82	61.93
SCC-0-0.50	65.39	67.22	63.63	61.59
SCC-0-0.75	65.57	68.66	64.25	62.71
SCC-0-1.00	67.10	69.31	64.85	63.93
SCC-40-0	66.59	73.85	72.05	69.71
SCC-40-0.75	70.90	76.36	73.68	72.16
SCC-50-0	57.38	58.84	55.51	55.53

续表

编号	干湿循环次数 / 次			
	0	15	30	45
SCC-50-0.75	73.51	76.12	71.29	69.93
SCC-60-0	54.91	57.51	50.96	52.15
SCC-60-0.25	60.30	60.96	55.68	54.68
SCC-60-0.50	55.66	58.20	52.06	54.86
SCC-60-0.75	57.86	61.97	55.30	52.95
SCC-60-1.00	57.72	58.90	52.84	53.90
SCC-70-0	41.99	42.21	37.05	37.03
SCC-70-0.75	50.06	50.12	45.18	44.66

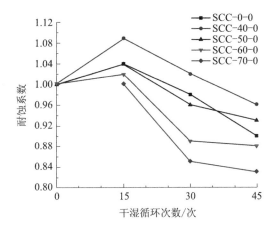

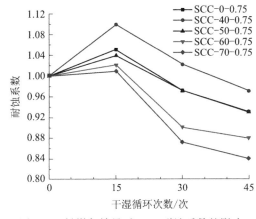

图 8-3　粉煤灰掺量对 SCC 耐蚀系数的影响

由表 8-2 和图 8-3 可知，SCC 的抗压强度和耐蚀系数均随粉煤灰取代率的升高呈先升高后降低的现象。侵蚀 15 次时，40% 掺量 SCC 的参数指标达到最高值，耐蚀系数为 1.09，较未掺粉煤灰组提高 4.8%。粉煤灰掺量超过 40% 后，开始出现降低，且粉煤灰掺量越高，降低趋势越显著，因此合适掺量粉煤灰（40%）的掺入能够使其抵抗侵蚀的能力有所改善。一方面粉煤灰能够细化 SCC 内部结构的孔径尺寸，提高密实性，侵蚀物质不易进入混凝土内部，另一方面，粉煤灰的掺入降低水泥中 C_3A 的含量且二次水化消耗碱性物质 $Ca（OH）_2$，降低可侵蚀的物质，而且生成更多 C-S-H 凝胶，优化混凝土微观结构，提高 SCC 的抗侵蚀能力。而过量粉煤灰的团聚现象增加了混凝土的孔隙率，孔径尺寸变大，内部水化产物大量减少，结构变得疏松多孔，同时消石灰粉水化生成的 $Ca（OH）_2$ 也加剧 SCC 被侵蚀的程度。

8.2.2　钢纤维掺量对抗压强度和耐蚀系数的影响

图 8-4 为钢纤维掺量对 SCC 耐蚀系数的影响。

由表 8-2 和图 8-4 可知：SCC 的抗压强度和耐蚀系数随钢纤维掺量的增加总体呈增加趋势。侵蚀前期，钢纤维对未掺粉煤灰和粉煤灰掺量 60%SCC 的抗压强度、耐蚀系数均有微小改善，侵蚀后期随侵蚀产物的增多，钢纤维对其改善效果变得显著。杂乱三维乱向分布的钢纤维相互衔接有效阻碍了裂纹的延伸、扩展，减缓了裂纹破裂处的应力集中现象，从而改善 SCC 的抗压强度，且对粉煤灰掺量 60%SCC 的改善作用更显著。

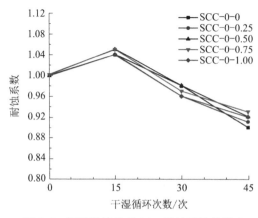

图 8-4　钢纤维掺量对 SCC 耐蚀系数的影响

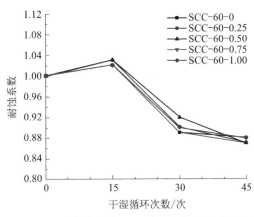

图 8-4　钢纤维掺量对 SCC 耐蚀系数的影响（续）

8.3　硫酸盐侵蚀前后 SCC 相对动弹性模量变化规律

8.3.1　粉煤灰掺量对相对动弹性模量的影响

图 8-5 为粉煤灰掺量对 SCC 相对动弹性模量的影响。

由图 8-5 可知：SCC 的相对动弹性模量随粉煤灰掺量的增加而降低，随干湿循环次数的增加均呈先升后降的趋势，与耐蚀系数的变化规律基本一致；SCC-40-0 组的各循环侵蚀次数的相对动弹性模量均最高，较未掺粉煤灰的基准组 SCC-0-0 提高 3% 以上。粉煤灰取代率 50% 时的相对动弹性模量和未掺粉煤灰组的水平相当，粉煤灰取代率超过 60% 时，相对动弹性模量开始下降。侵蚀中后期（30～45 次），SCC 的相对动弹性模量开始降低，且下降速率随侵蚀龄期的增加而放缓。侵蚀 30 次时，相对动弹性模量下降范围控制在 0.1～0.7 之间，侵蚀 45 次时，下降范围在 0.04～0.1 之间。钢纤维体积分数 0.75% 时，粉煤灰掺量对相对动弹性模量的影响趋势和其对未掺钢纤维混凝土的影响趋势相同。相对动弹性模量用于表征冻融循环过程对混凝土内部结构和宏观性能的影响，干湿循环硫酸盐侵蚀与冻融循环对混凝土硬化结构的损伤机理不同，但破坏过程和结果存在很大的相似性，因此本书采用相对动弹性模量描述 SCC 内部微裂纹的发生、发展和分布状态。

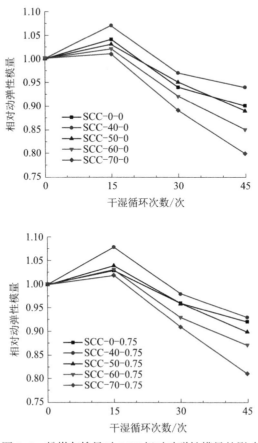

图 8-5 粉煤灰掺量对 SCC 相对动弹性模量的影响

粉煤灰作用机理和前述的质量损失率、耐蚀系数和抗折强度的影响机理相同。足够数量的 SO_4^{2-} 进入混凝土内才能发生明显的侵蚀征兆，因此在侵蚀前期时，少量且较小体积的钙矾石能填补在孔隙中，提高内部结构的密实性，侵蚀后期，越来越多 SO_4^{2-} 侵入混凝土内部，生成大量钙矾石，对结构造成破坏。粉煤灰的加入减少水泥熟料中与 SO_4^{2-} 反应的 C_3A 含量的同时减少水化产物 Ca（OH）$_2$ 的量，从而增加 SCC 抵抗侵蚀的能力。但取代率大于 40% 时，其抵抗能力立即降低，过多的粉煤灰颗粒相互积聚形成较大颗粒，未能充分发挥其微集料效应，且由于水泥的减少，导致粉煤灰的火山灰效应未能充分激发，内部结构致密性发生降低，且消石灰粉含量随粉煤灰掺量的增加而增加，而消石灰粉的水化增加了可供侵蚀的产物 Ca（OH）$_2$ 的数量，从而导致 SCC 抗硫酸盐侵蚀的能力降低。

8.3.2 钢纤维掺量对相对动弹性模量的影响

图 8-6 为钢纤维掺量对 SCC 相对动弹性模量的影响。

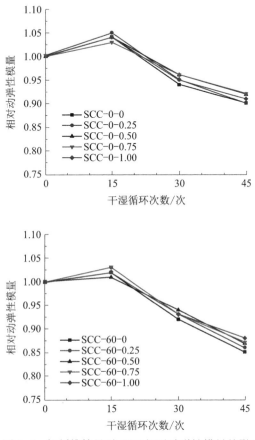

图 8-6　钢纤维掺量对 SCC 相对动弹性模量的影响

由图 8-6 可知：随侵蚀龄期的增加，相对动弹性模量先升高后降低。侵蚀 15 次时，SCC 的相对动弹性模量有所提高，超过 15 次后，相对动弹性模量开始下降。粉煤灰掺量 60%SCC 的相对动弹性模量随钢纤维体积分数的增加整体呈增加趋势。因为钢纤维的增韧阻裂作用能承担侵蚀产物对混凝土的部分破坏力以及阻碍原始裂缝和新生裂纹的产生和扩展，且 SCC 本身结构较密实，钢纤维的微引气效果会增加混凝土的孔隙率，掺量较多会降低 SCC 密实性，增加侵蚀物质进入混凝土内部且侵蚀混凝土的概率。而粉煤灰掺量较高时，混凝土结构的密实性已较低，而钢纤维的引入能改善这种缺失，从而提高高掺量粉煤灰 SCC 的抗硫酸盐侵蚀能力。

8.4 硫酸盐侵蚀前后 SCC 抗折强度变化规律

8.4.1 粉煤灰掺量对抗折强度的影响

图 8-7 为不同干湿循环硫酸盐侵蚀龄期下，粉煤灰掺量对 SCC 抗折强度的影响。

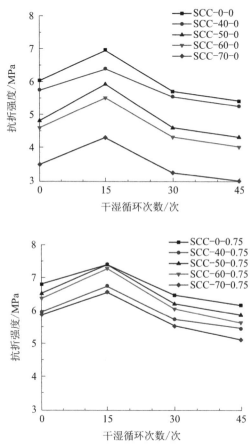

图 8-7　粉煤灰掺量对 SCC 抗折强度的影响

由图 8-7 可知，随干湿循环次数的增加，SCC 的抗折强度总体呈先增加后降低的趋势，且降低速率随侵蚀龄期的增加而减缓。侵蚀前的抗折强度随粉煤灰掺量的增加而降低，侵蚀中后期（15～45 次），粉煤灰取代率的不断升高使抗折强度的下降速率先下降后升高。干湿循环 30 次后，粉煤灰取代率 40%SCC 的抗折强度下降速率为 3%，粉煤灰掺量 70% 的下降速率为 7%。这是由于钙矾石表面是针状的，且呈现为向四周发射的状态，因此侵蚀产物之间能彼此紧密衔接，侵蚀前期钙矾石数量较少，此结构对混凝土的抗折强度有利。随干湿循环侵蚀次数的增加，不断积聚的钙矾石积聚膨胀产生微裂纹，弯曲荷载在试件跨中截面底部产生拉应力，内部的微裂纹不断扩展和搭接导致试件失稳破坏。同时胶凝材料体系的 C_4AF 相对含量随粉煤灰掺量的增加而降低，而 C_4AF 的水化产物具有良好的抗弯拉性能和抗侵蚀性能，因此，SCC 的抗折强度随干湿循环侵蚀次数的增加而降低。

8.4.2 钢纤维掺量对抗折强度的影响

图 8-8 为钢纤维掺量对 SCC 抗折强度的影响。

由图 8-8 可知：抗折强度随钢纤维体积分数的增加而提高，且改善效果与粉煤灰取代率呈正相关。粉煤灰取代率 0、钢纤维体积分数 0.75% 和粉煤灰取代率 60%、钢纤维体积分数 0.75%SCC 的抗折强度较各自未掺钢纤维时分别提高 13% 和 38%，随钢纤维体积分数的增加，硫酸盐侵蚀后抗折强度下降速率总体呈减缓趋势。这是因为混凝土在受弯作用下，基体发生开裂时，相互搭接的钢纤维承担拉力的同时，减缓内部裂纹的开裂扩展和贯通，直到钢纤维被直接拉断或从基体中拔出，从而使基体的抗折强度得到改善，众所周知，混凝土的脆性与粉煤灰的取代率呈正相关，因此，掺量越高，钢纤维的上述增韧阻裂作用发挥更加充分。硫酸盐侵蚀后，生成的针状钙矾石产物堆积在混凝土内部孔隙中，增加对孔隙的压力，钢纤维能承担部分压力，且减缓侵蚀作用下裂缝数量和尺寸的增加，从而提高 SCC 的抗硫酸盐侵蚀作用。

8.5 硫酸盐侵蚀对高掺量粉煤灰 SCC 微观结构的影响

图 8-9 为干湿循环硫酸盐侵蚀试验前 SCC 的 SEM 图片。

由图 8-9 可以看出：干湿循环硫酸盐侵蚀试验前，未掺粉煤灰组的水化产物的纤维状的 C-S-H 凝胶、六方片状的 CH 和针状的 AFt 晶体，而粉煤灰掺量 60% 断面的 SEM 图片中仅观察到 C-S-H 凝胶和大量的 CH 晶体，未见 AFt 和 AFm 晶体。

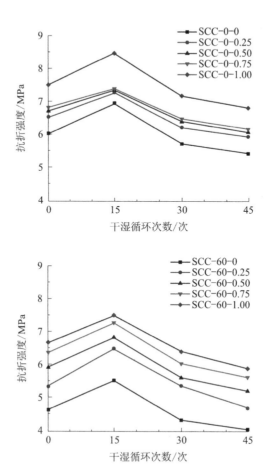

图 8-8　钢纤维掺量对 SCC 抗折强度的影响

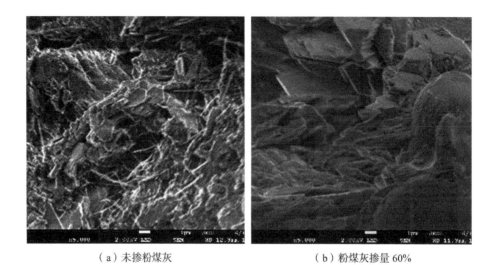

（a）未掺粉煤灰　　　　　　　　　　（b）粉煤灰掺量 60%

图 8-9　硫酸盐侵蚀试验前 SCC 的 SEM 图片

图 8-10 为干湿循环硫酸盐侵蚀 30 次后 SCC 的 SEM 图片。

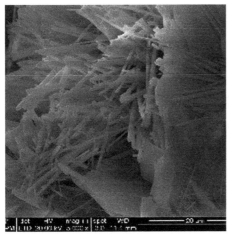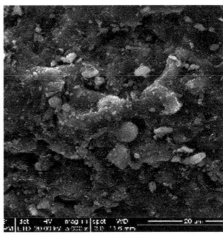

（a）未掺粉煤灰　　　　　　　　　（b）粉煤灰掺量 60%

图 8-10　硫酸盐侵蚀 30 次后 SCC 的 SEM 图片

由图 8-10 可以看出：未掺粉煤灰组 SCC 的主要侵蚀产物是放射性分布的针状 AFt 晶体，粉煤灰掺量 60% 的 SCC 经 30 次侵蚀后疏松多孔、结构松散，未见 C-S-H 凝胶和粉煤灰微珠表面的水化产物。

混凝土在 Na_2SO_4 溶液的浸泡过程中，SO_4^{2-} 通过毛细孔迁移至硬化混凝土内部，与孔溶液中的 Ca（OH）$_2$ 反应生成 $CaSO_4 \cdot 2H_2O$，并进一步与胶凝材料水化产物中的 C-A-H 或 AFm 晶体反应生成 AFt，$CaSO_4 \cdot 2H_2O$ 和 AFt 的生成和结晶均会导致硬化结构发生体积膨胀。在干湿循环硫酸盐侵蚀初期，$CaSO_4 \cdot 2H_2O$ 和 AFt 填充在 SCC 的孔隙中提高了致密性，SCC 的质量和强度提高，随侵蚀次数的增加，$CaSO_4 \cdot 2H_2O$ 和 AFt 的不断结晶和生长在硬化结构中产生膨胀应力，导致微裂纹并不断生长引起 SCC 的质量和强度下降。为保证胶凝材料的力学性能，本试验通过消石灰粉提高体系的碱度以便有效激发高掺量粉煤灰的反应活性，随粉煤灰掺量的增加，消石灰粉的相对含量相应增加。粉煤灰掺量过高易引起超细粉体棚架效应，增加 SCC 的孔隙率和孔径尺寸，同时，粉煤灰二次水化残余后的 Ca（OH）$_2$ 相应增多，在干湿循环的烘干和风冷过程中孔溶液中 Ca（OH）$_2$ 的浓度进一步提高，并发生碳化生成 $CaCO_3$，在硫酸盐溶液侵蚀过程中 C-S-H 凝胶分解生成无强度的碳硫硅钙石，随干湿循环侵蚀次数的增加，当粉煤灰掺量过高时 SCC 的抗压强度和质量降低幅度增加。

8.6 本章小结

本章通过干湿循环硫酸盐侵蚀试验，研究了 SCC 在不同干湿循环硫酸盐侵蚀次数下，粉煤灰掺量和钢纤维体积分数对 SCC 抗硫酸盐侵蚀性能的影响，并进一步从微观层面分析侵蚀破坏机理以及粉煤灰和钢纤维作用机理，试验结果如下：

（1）干湿循环侵蚀前期质量损失率为负值，试件质量增加；后期质量损失率线性增加。干湿循环侵蚀过程中，高掺量粉煤灰 SCC 的质量损失率变化幅度随粉煤灰掺量的增加而增加；15 次和 45 次循环时，SCC-40-0 质量损失率最低，分别为 −0.35% 和 0.61%，SCC-70-0 最高，分别达到 −0.54% 和 1.03%。SCC-40-0 和 SCC-50-0 低于基准 SCC-0-0，掺量继续增加则高于 SCC-0-0。钢纤维的加入能有效减缓质量下降速率，硫酸盐侵蚀 30 次时，粉煤灰掺量 0 和 60%、钢纤维体积掺量 0.50% 时，SCC 的质量损失率较相应未掺钢纤维混凝土分别下降 4.5% 和 6.3%。

（2）SCC 的耐蚀系数均随干湿循环侵蚀次数和粉煤灰掺量的增加呈先升高后降低的趋势。15 次循环的耐蚀系数均大于 1，15 次至 30 次循环的耐蚀系数降幅最大，30 次至 45 次循环降幅减缓，SCC-60-0 的耐蚀系数有略微提高，粉煤灰掺量 50% 和 60% 时，15 次和 45 次循环的耐蚀系数高于未掺粉煤灰组，30 次循环时低于未掺粉煤灰组；粉煤灰掺量 70% 时，各循环次数下耐蚀系数均明显低于未掺粉煤灰组。侵蚀前期，钢纤维对未掺粉煤灰和掺粉煤灰 SCC 的抗压强度、耐蚀系数均有微小改善，随侵蚀龄期的增加，改善效果有一定程度提高。

（3）SCC 的抗折强度随侵蚀龄期的增加总体呈先增加后降低的趋势，且降低速率随侵蚀龄期的增加而减缓。粉煤灰的掺入使 SCC 的抗折强度出现降低，侵蚀后的下降速率随粉煤灰掺量的增加先降低后升高，而抗折强度随钢纤维掺量的增加而增加，且粉煤灰掺量越高，改善效果越显著。粉煤灰掺量 0、钢纤维掺量 0.75% 和粉煤灰掺量 60%、钢纤维掺量 0.75%SCC 的抗折强度较各自未掺钢纤维时分别提高 13% 和 38%，随钢纤维掺量的增加，硫酸盐侵蚀后抗折强度下降速率总体呈减缓趋势。

（4）SCC的相对动弹性模量随干湿循环次数的增加总体呈先增加后降低，侵蚀前期（15次），钢纤维掺量0、粉煤灰掺量40% SCC的相对动弹性模量最优，比未掺粉煤灰组增加了3%，掺量50%时的相对动弹性模量与未掺粉煤灰组基本持平，掺量超过60%时开始下降。侵蚀中后期（30～45次），SCC的相对动弹性模量均出现下降，侵蚀后期的下降速率出现减缓。粉煤灰掺量60%SCC的相对动弹性模量随钢纤维掺量的增加整体呈增加趋势。

第 9 章

硫酸盐侵蚀前后钢纤维增强高掺量粉煤灰 SCC 断裂力学性能

SCC 由于胶凝材料用量大、水胶比低，因此容易发生脆性断裂。而混凝土材料的破坏过程即裂缝的萌生与发展过程，由于微小裂缝和缺陷引起的低应力脆断事故致使人们急需知道裂缝产生的原因、特性和发展过程等。粉煤灰虽能优化内部结构，但混凝土是典型的脆性材料，当粉煤灰掺量过高时，将会产生怎样的断裂特征还未知。钢纤维作为提高混凝土韧性的常用材料，其虽能改善粉煤灰混凝土高脆易裂的缺点，但断裂问题的发生依然存在，为推广 SCC 的广泛应用，仍需重点关注研究钢纤维粉煤灰 SCC 的断裂问题。

断裂韧度和断裂能作为断裂参数是评判混凝土材料断裂性能优劣的重要指标，已有的研究表明，断裂能（ G_F ）由材料自身的特点和属性所决定，断裂韧度（ K_{IC} ）的大小决定了材料抵抗断裂的能力。本书以断裂韧度、断裂能为评价指标研究第五章配合比下硫酸盐侵蚀前后钢纤维和粉煤灰掺量对 SCC 断裂力学性能的影响。断裂韧度（ K_{IC} ）通过带切口梁三点弯曲试验所得的荷载–裂缝张开口位移曲线（ $F\text{-}CMOD$ ），依据等效裂纹长度的概念，利用线弹性断裂力学计算公式得到，断裂能（ G_F ）依据三点弯曲试验测得的 $F\text{-}\delta$ 曲线计算得到。

9.1 硫酸盐侵蚀前钢纤维增强高掺量粉煤灰 SCC 断裂力学性能

9.1.1 断裂韧度

美国材料协会（ASTM）给出的断裂韧度计算公式为：

$$K_{IC} = \frac{F_{max}S}{bh^{3/2}} f\left[\frac{a}{h}\right] \qquad (9-1)$$

式中：F_{max} ——峰值荷载，kN；

h、b、s ——分别为试件的高度、宽度和跨度，m；

a ——初始预制裂缝的长度，m；

$$f\left[\frac{a}{h}\right]=2.9\left[\frac{a}{h}\right]^{\frac{1}{2}}-4.6\left[\frac{a}{h}\right]^{\frac{3}{2}}+21.8\left[\frac{a}{h}\right]^{\frac{5}{2}}-37.6\left[\frac{a}{h}\right]^{\frac{7}{2}}+38.7\left[\frac{a}{h}\right]^{\frac{9}{2}}，为几何形状$$

因子，关于 a/h 的函数。

图 9-1 为硫酸盐侵蚀前钢纤维增强高掺量粉煤灰 SCC 带切口梁的三点弯曲 $F\text{-}CMOD$ 曲线试验结果，依据图 9-1 计算断裂韧度（K_{IC}）。由图 9-1 可以看出：$F\text{-}CMOD$ 曲线大致可以分为以下三个阶段：第一阶段为加载初期的弹性阶段，此时斜率和承载能力随粉煤灰掺量的增加先降低后升高，但均低于未掺粉煤灰组，随钢纤维体积分数的增加而增大。第二阶段为裂缝稳定扩展阶段，荷载达到一定阈值后，裂缝尖端处的混凝土开始起裂，裂缝开始稳定扩展，钢纤维掺量越高，此阶段越明显，而未掺钢纤维的 SCC 不存在此阶段。第三阶段为裂缝失稳破坏阶段，该阶段始于峰值荷载点，基准未掺钢纤维的 SCC 达到峰值荷载后，曲线迅速下降，试件瞬间丧失承载力，呈现明显的脆性破坏特征。粉煤灰的掺入同样使峰值荷载降低，脆性增加，而钢纤维的掺入不仅提高了基体的极限承载力且能和基体共同承担拉应力，使材料变形处于弹性阶段。达到峰值荷载后，钢纤维的增韧阻裂作用使曲线下降段变得饱满，由原来的尖峰状变成馒头状，此阶段，SCC 塑性变形量随钢纤维体积分数的增加而增加，且承载能力的下降速度随钢纤维体积分数的增加而降低。

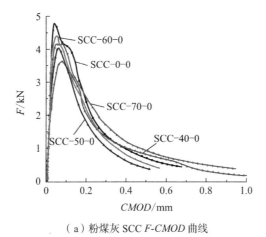

（a）粉煤灰 SCC $F\text{-}CMOD$ 曲线

图 9-1　硫酸盐侵蚀前钢纤维增强高掺量粉煤灰 SCC 的 $F\text{-}CMOD$ 曲线

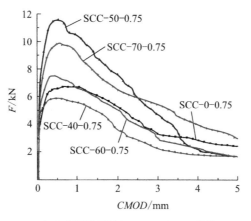

（b）钢纤维粉煤灰 SCC *F-CMOD* 曲线

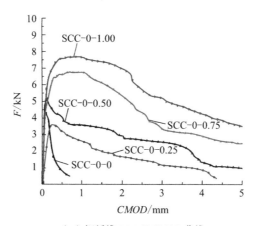

（c）钢纤维 SCC *F-CMOD* 曲线

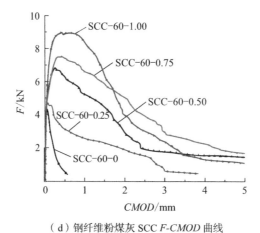

（d）钢纤维粉煤灰 SCC *F-CMOD* 曲线

图 9-1　硫酸盐侵蚀前钢纤维增强高掺量粉煤灰 SCC 的 *F-CMOD* 曲线（续）

图 9-2 为侵蚀前粉煤灰和钢纤维掺量对 SCC 断裂韧度的影响，表 9-1 为硫酸盐侵蚀前 SCC 的断裂力学性能参数。

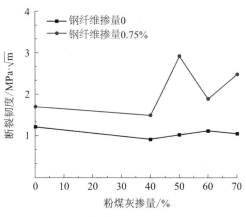

（a）粉煤灰掺量对断裂韧度的影响

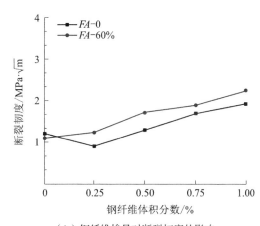

（b）钢纤维掺量对断裂韧度的影响

图 9-2　侵蚀前粉煤灰和钢纤维掺量对 SCC 断裂韧度的影响

硫酸盐侵蚀前 SCC 的断裂力学性能参数　　　　表 9-1

编号	峰值荷载 /kN	临界张开口位移 /mm	断裂韧度 / MPa·$\sqrt{m}$
SCC-0-0	4.78	0.036	1.198
SCC-0-0.25	3.59	0.238	0.900
SCC-0-0.50	5.17	0.092	1.296
SCC-0-0.75	6.76	0.672	1.694

续表

编号	峰值荷载 /kN	临界张开口位移 /mm	断裂韧度 / MPa·$\sqrt{m}$
SCC-0-1.00	7.68	0.932	1.924
SCC-40-0	3.64	0.074	0.912
SCC-40-0.75	5.92	0.433	1.483
SCC-50-0	4.04	0.058	1.012
SCC-50-0.75	11.61	0.501	2.909
SCC-60-0	4.40	0.049	1.103
SCC-60-0.25	4.93	0.043	1.235
SCC-60-0.50	6.86	0.258	1.719
SCC-60-0.75	7.54	0.355	1.889
SCC-60-1.00	8.94	0.428	2.240
SCC-70-0	4.17	0.048	1.045
SCC-70-0.75	9.88	0.566	2.476

由表 9-1 和图 9-2（a）可知，粉煤灰的掺入降低了 SCC 的断裂韧度，且随掺量的增加其断裂韧度先增加后降低，未掺钢纤维 SCC 的断裂韧度在粉煤灰掺量 60% 时达到最大值，此时和未掺粉煤灰组基本持平，钢纤维掺量 0.75%SCC 的断裂韧度在粉煤灰掺量 50% 达到最大值。由图 9-2（b）可知，SCC 的断裂韧度随钢纤维掺量的增加先降低后增加，且对粉煤灰掺量 60%SCC 的改善效果更显著。与粉煤灰取代率 0、钢纤维掺量 0 SCC 的断裂韧度相比，钢纤维掺量 0.50% 时，断裂韧度增益为 8.2%，钢纤维掺量 1.00% 时，断裂韧度增为 60.67%。和粉煤灰掺量 60%、未掺钢纤维 SCC 断裂韧度相比，钢纤维掺量 0.50% 时，断裂韧度增益为 55.9%，钢纤维掺量 1.00% 时，断裂韧度增加了 1 倍。

9.1.2　峰值荷载

图 9-3 为侵蚀前粉煤灰和钢纤维掺量对 SCC 峰值荷载的影响。

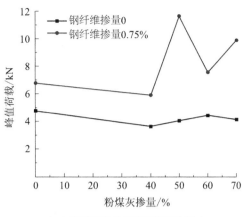

（a）粉煤灰掺量对峰值荷载的影响

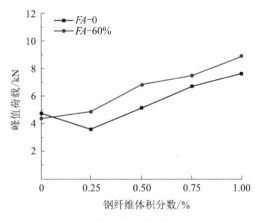

（b）钢纤维掺量对峰值荷载的影响

图 9-3　侵蚀前粉煤灰和钢纤维掺量对 SCC 峰值荷载的影响

　　由表 9-1 和图 9-3（a）可知，粉煤灰的加入降低了 SCC 的峰值荷载，随粉煤灰掺量的增加其峰值荷载呈先增加后降低的趋势。未掺钢纤维 SCC 的峰值荷载在粉煤灰掺量 60% 时，达到最大值 4.4kN，钢纤维掺量 0.75%SCC 的峰值荷载在粉煤灰掺量 50% 时达到最大值，较相应未掺粉煤灰组提高了 72%。由图 9-3（b）可知，SCC 的峰值荷载随钢纤维掺量的增加先降低后增加，且对粉煤灰掺量 60%SCC 的峰值荷载改善效果更显著，未掺粉煤灰和粉煤灰掺量 60%SCC 的峰值荷载均在钢纤维掺量 1.00% 时达到最大值，较相应未掺钢纤维组分别提高了 61% 和 103%。

　　由第 3 章碳化试验前混凝土的抗压强度可知，抗压强度随粉煤灰取代率的增加先升高后下降，而强度提高会致使脆性增加。并且粉煤灰掺量较小时，粉煤灰的二次水化作用导致体系收缩率增加，形成更多的收缩裂缝，增加了混凝土内部原始裂缝的尺寸和数量。掺量继续增加，水泥用量大量减少的同时体系内部水化反应也相应减少，体系失水率降低，且粉煤灰的微珠效应使其填充在孔隙中，共同致使收缩减少，降低裂缝的产生和扩展，从而SCC 的断裂韧度和峰值荷载得到改善。

钢纤维掺入高掺量粉煤灰 SCC 后，在基体中呈三维乱向分布，随钢纤维体积分数的增加，钢纤维之间相互搭接成空间网状结构，在三点弯曲试验过程中，裂纹扩展阶段，钢纤维空间网状结构承担了部分荷载，并抑制了裂纹的扩展，有效提高了高掺量粉煤灰 SCC 的峰值荷载和断裂韧度。普通 SCC 不仅极限承载力较小，而且达到其最大值之后，试件的破坏过程是突然的，毫无征兆。而加入钢纤维的 SCC 在试验加载过程中能够清楚听到纤维被拔出或被直接拉断的"咔咔"声。由于钢纤维的存在，致使荷载作用下产生的裂缝并非沿直线上升，而是多次分支改变方向，产生不同的次裂缝，使试件在达到峰值荷载后仍具有一定的承载能力，提高材料的塑性变形能力。

9.1.3 临界开口位移

图 9-4 为侵蚀前粉煤灰和钢纤维掺量对 SCC 临界开口位移的影响。由表 9-1 和图 9-4（a）可知，未掺钢纤维 SCC 的临界开口位移随粉煤灰取代率的升高先升高后下降，粉煤灰掺量 40% 时，达到最大值；而粉煤灰的加入降低了钢纤维掺量 0.75%SCC 的临界开口位移，且随粉煤灰掺量的增加先降低后增加，在粉煤灰掺量 60% 时达到最低值。由图 9-4（b）可知，未掺粉煤灰和粉煤灰掺量 60%SCC 的临界开口位移整体均随钢纤维掺量的增加而增加，钢纤维掺量在 0.75%～1.00% 之间时，对未掺粉煤灰 SCC 临界开口位移的改善效果优于对粉煤灰掺量 60%SCC 的改善效果。这是由于基体内部分布的钢纤维相互搭接形成的三维空间结构能阻碍原生裂缝的生成以及受荷过程中裂缝的起裂和扩展，增强结构的韧性，且钢纤维和基体之间较强的粘结力使其不易被拔出或拔断，结构的塑性变形增加，因此掺入钢纤维有效提高了高掺量粉煤灰 SCC 的临界开口位移。

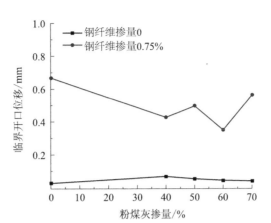

（a）粉煤灰掺量对临界开口位移的影响

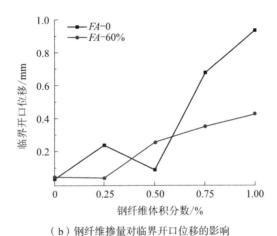

（b）钢纤维掺量对临界开口位移的影响

图 9-4　侵蚀前粉煤灰和钢纤维掺量对 SCC 临界开口位移的影响

9.1.4　断裂能

混凝土断裂能是指混凝土裂缝扩展单位面积时所需要的能量，是表征材料断裂性能优劣的重要指标参数之一。通过三点弯曲断裂试验，根据试验所测荷载 – 位移（F-δ）曲线，采用式（9-2）计算断裂能（G_F）的大小。

$$G_F = \frac{W_0 + mg\delta_0}{A} \qquad (9\text{-}2)$$

式中：G_F—— 试件的断裂能；

W_0—— F-δ 曲线下的面积；

m—— 试件支座间质量，kg；

g——重力加速度，m/s^2；

δ_0——试件加载点最大位移，m；

A——韧带断面面积，m^2，$A=b(h-a)=0.006\text{m}^2$。

硫酸盐侵蚀前 SCC 断裂能计算结果　　　表 9-2

编号	$W_0/\text{N}\cdot\text{m}$	m/kg	δ_0/m	$G_{\text{F}}/(\text{N/m})$
SCC-0-0	1.338	9.80	0.9×10^{-3}	237.7
SCC-0-0.25	7.678	9.75	5.0×10^{-3}	1360.9
SCC-0-0.50	16.808	9.80	5.0×10^{-3}	2883
SCC-0-0.75	37.755	9.75	5.0×10^{-3}	6373.7
SCC-0-1.00	43.665	9.95	5.0×10^{-3}	7360.4
SCC-40-0	1.452	9.90	1.2×10^{-3}	261.8
SCC-40-0.75	23.184	10.00	5.0×10^{-3}	3947.3
SCC-50-0	1.111	9.80	0.8×10^{-3}	198.2
SCC-50-0.75	35.520	9.80	5.0×10^{-3}	6001.7
SCC-60-0	1.388	9.75	1.0×10^{-3}	247.6
SCC-60-0.25	7.870	9.70	5.0×10^{-3}	1392.5
SCC-60-0.50	22.011	9.80	5.0×10^{-3}	3750.2
SCC-60-0.75	28.497	9.90	5.0×10^{-3}	4832
SCC-60-1.00	27.642	9.85	5.0×10^{-3}	4689.1
SCC-70-0	1.560	9.80	1.2×10^{-3}	279.6
SCC-70-0.75	43.059	9.90	5.0×10^{-3}	7259

表 9-2 为硫酸盐侵蚀前钢纤维增强高掺量粉煤灰 SCC 带切口梁三点弯曲试验的断裂能计算结果。图 9-5 为侵蚀前粉煤灰和钢纤维掺量对 SCC 断裂能的影响。由表 9-2 和图 9-5（a）可以看出，粉煤灰掺量的变化对钢纤维掺量 0 的 SCC 断裂能的影响较小；对钢纤维掺量 0.75%SCC 断裂能的影响较显著，在粉煤灰掺量持续增加的过程中，断裂能表现为先降低后升高的趋势。粉煤灰掺量 40%、钢纤维掺量 0.75% 时达到最低值，比未掺粉煤灰组降低了 38%；粉煤灰掺量 70%、钢纤维掺量 0.75% 时达到最大值，比未掺粉煤灰组提高了 14%。

由表 9-2 和图 9-5（b）可以看出，SCC 的断裂能随钢纤维掺量的增加而持续升高，钢纤维掺量小于 0.50% 时对未掺粉煤灰和粉煤灰掺量 60%SCC 的断裂能的影响效果基本相同；掺量大于 0.50% 时，对未掺粉煤灰 SCC 的改善效果优于对粉煤灰掺量 60%SCC 的改善效果；钢纤维掺量 1.00% 时，未掺粉煤灰 SCC 的断裂能较相应未掺钢纤维组提高 30%，而粉煤灰掺量 60%SCC 的断裂能提高 18%。

这是由于钢纤维与基体间良好的粘结力阻碍了裂缝的生成和扩展，且高弹性模量的特性使其不易被拉出或拔断，结构在发生破坏时需要消耗更多的能量，因此，提高了基体的承载能力且延缓了裂缝扩展的时间，使裂缝的生成和扩展变成一个较长的稳定扩展期，从而有效提高了高掺量粉煤灰 SCC 的断裂能，且钢纤维体积分数越大，断裂能越大。

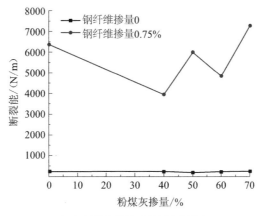

（a）粉煤灰掺量对断裂能的影响

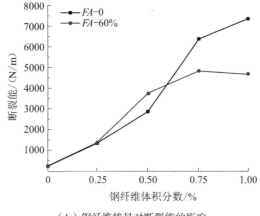

（b）钢纤维掺量对断裂能的影响

图 9-5　侵蚀前粉煤灰和钢纤维掺量对 SCC 断裂能的影响

9.2 硫酸盐侵蚀后钢纤维增强高掺量粉煤灰 SCC 断裂力学性能

9.2.1 硫酸盐侵蚀对断裂韧度的影响

图 9–6 为硫酸盐侵蚀 30 次后试件的荷载 – 裂缝张开口位移（F-CMOD）曲线。由图 9–6 可以看出：经干湿循环硫酸盐侵蚀 30 次后，钢纤维体积分数大于 0.75% 的 SCC-0-1.00 和 SCC-60-1.00 两组试件的 F-CMOD 曲线仍具有和侵蚀前相同的三阶段发展规律，曲线仍具有明显的馒头锋状，且承载力均明显高于侵蚀前，未掺钢纤维 SCC 的 F-CMOD 曲线和侵蚀前具有相同的发展趋势，而钢纤维掺量小于 0.75% 各组的 F-CMOD 曲线只有加载初期的弹性阶段和后期的裂缝失稳破坏阶段，结构的脆性破坏特征明显，达到峰值荷载后，承载力迅速下降，且下降速率高于侵蚀前，且曲线下降段出现锯齿形波动，原因在于纤维的受拉应力增大至其与基体之间的极限粘结承载力时，纤维出现脱粘、拔出，从而荷载突然下降，随荷载增加，裂缝不断向上发展，乱向分布纤维的存在阻碍了裂缝的继续扩展，荷载突降过程停止，纤维拔出现象停止，此时纤维抗拔能力由两者之间的静摩擦主导，纤维受荷能力增加，从而引起荷载上升。

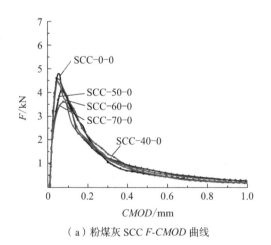

（a）粉煤灰 SCC F-CMOD 曲线

图 9–6 侵蚀 30 次后钢纤维增强高掺量粉煤灰 SCC 的 F-CMOD 曲线

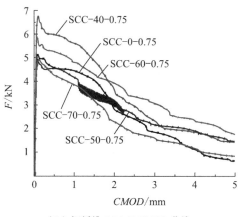

（b）钢纤维 SCC *F-CMOD* 曲线

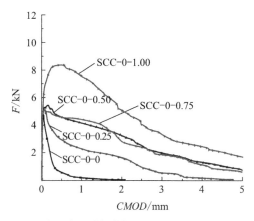

（c）钢纤维粉煤灰 SCC *F-CMOD* 曲线

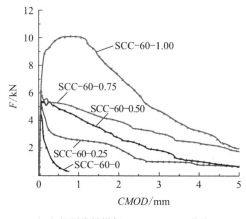

（d）钢纤维粉煤灰 SCC *F-CMOD* 曲线

图 9-6　侵蚀 30 次后钢纤维增强高掺量粉煤灰 SCC 的 *F-CMOD* 曲线（续）

根据硫酸盐侵蚀破坏机理可知，侵蚀破坏主要分为两个过程：前期第一过程，少量 SO_4^{2-} 的进入和 Ca（OH）$_2$ 生成钙矾石和石膏等能吸水胀大的产物，此时体型较小的侵蚀产物能填补于内部较大孔隙中，一定程度提高混凝土的断裂力学性能。第二阶段，随侵蚀过程的不断进行，膨胀性产物不断累积，孔隙壁所能承担的最大应力值已远小于侵蚀产物对其产生的膨胀力，从而封闭的孔结构被迫打开，加速混凝土的腐蚀破坏，因此侵蚀后期 SCC 的断裂力学性能不断下降。

硫酸盐侵蚀后 SCC 断裂力学性能参数　　　　表 9-3

编号	峰值荷载 /kN		临界张开口位移 /mm		断裂韧度 /MPa·$\sqrt{m}$	
	侵蚀后	侵蚀前	侵蚀后	侵蚀前	侵蚀后	侵蚀前
SCC-0-0	4.80	4.78	0.045	0.036	1.202	1.198
SCC-0-0.25	5.17	3.59	0.059	0.238	1.296	0.900
SCC-0-0.50	5.27	5.17	0.148	0.092	1.321	1.296
SCC-0-0.75	5.13	6.76	0.059	0.672	1.286	1.694
SCC-0-1.00	8.12	7.68	0.558	0.932	2.035	1.924
SCC-40-0	4.58	3.64	0.042	0.074	1.148	0.912
SCC-40-0.75	6.75	5.92	0.081	0.433	1.691	1.483
SCC-50-0	4.08	4.04	0.061	0.058	1.022	1.012
SCC-50-0.75	4.94	11.61	0.068	0.501	1.238	2.909
SCC-60-0	4.46	4.40	0.040	0.049	1.118	1.103
SCC-60-0.25	5.17	4.93	0.051	0.043	1.296	1.235
SCC-60-0.50	5.41	6.86	0.057	0.258	1.356	1.719
SCC-60-0.75	5.95	7.54	0.055	0.355	1.491	1.889
SCC-60-1.00	10.08	8.94	0.804	0.428	2.526	2.240
SCC-70-0	3.61	4.17	0.070	0.048	0.905	1.045
SCC-70-0.75	4.85	9.88	0.105	0.566	1.215	2.476

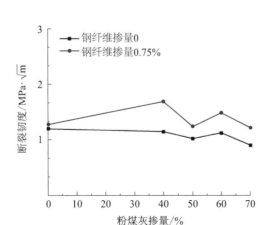

（a）粉煤灰掺量对断裂韧度的影响

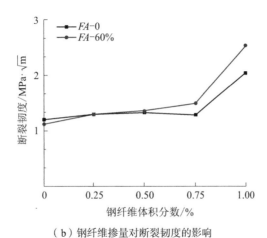

（b）钢纤维掺量对断裂韧度的影响

图 9-7　侵蚀 30 次后粉煤灰和钢纤维掺量对 SCC 断裂韧度的影响

　　表 9-3 为干湿循环硫酸盐侵蚀 30 次后 SCC 的断裂力学性能参数，图 9-7 为侵蚀 30 次后粉煤灰和钢纤维掺量对 SCC 断裂韧度的影响。由表 9-3 和图 9-7（a）可知：经干湿循环硫酸盐侵蚀 30 次后，未掺钢纤维 SCC 的断裂韧度与粉煤灰取代率的增加呈负相关，且取代率越高，负相关效果越明显，粉煤灰掺量 40% 时，断裂韧度较未掺粉煤灰组降低 4.5%，掺量 70% 时，降低 24.8%。钢纤维体积分数 0.75%SCC 的断裂韧度随粉煤灰取代率的增加整体呈先增加后降低的趋势。粉煤灰取代率 40% 时，断裂韧度较未掺粉煤灰组提高 31.6%，掺量超过 40%，断裂韧度开始降低。

　　由表 9-3 和图 9-7（b）可知：未掺粉煤灰和粉煤灰掺量 60%SCC 的断裂韧度均随钢纤维掺量的增加而增加，对后者的增加效果比前者显著。和未掺钢纤维 SCC 断裂韧度相比，钢纤维掺量 0.25% 时，未掺粉煤灰和粉煤灰掺量 60%SCC 的断裂韧度分别提高 8% 和 16%；钢纤维掺量 1.00%，分别提高 69% 和 1.3 倍。

由表 9-3 可知：和硫酸盐侵蚀前相比，侵蚀后，未掺钢纤维和钢纤维掺量 0.75%SCC 的断裂韧度均随粉煤灰掺量的增加先增加后降低。未掺粉煤灰 SCC 的断裂韧度随钢纤维掺量的增加而增加，钢纤维掺量小于 0.25% 时，粉煤灰掺量 60%SCC 断裂韧度较侵蚀前有微小提高，钢纤维掺量 0.50%～0.75% 之间时，断裂韧度明显降低，钢纤维掺量 1.00% 时，断裂韧度又出现提高迹象。

9.2.2　硫酸盐侵蚀对峰值荷载的影响

图 9-8 为侵蚀 30 次后粉煤灰和钢纤维掺量对 SCC 峰值荷载的影响。

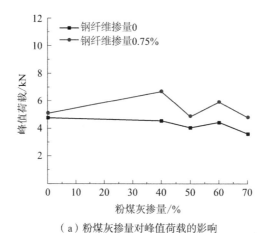

（a）粉煤灰掺量对峰值荷载的影响

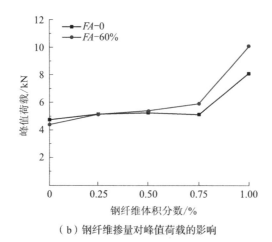

（b）钢纤维掺量对峰值荷载的影响

图 9-8　侵蚀 30 次后粉煤灰和钢纤维掺量对 SCC 峰值荷载的影响

由表 9-3 和图 9-8 可知:

侵蚀后 SCC 的峰值荷载变化规律和断裂韧度的变化规律一致。硫酸盐侵蚀过程中，高掺量粉煤灰 SCC 基体中先后生成 $CaSO_4 \cdot H_2O$ 和钙矾石晶体发生膨胀，基体密实度降低并形成微细裂纹，峰值荷载和断裂韧度相应降低。当钢纤维体积分数不高于 0.75% 时，钢纤维的阻裂效果较低，不足以减弱基体膨胀产生的微裂纹之间的搭接；当钢纤维掺量继续增加，钢纤维间搭架的空间网状结构一方面有效抑制了硫酸盐侵蚀所致的微裂纹的形成和扩展，另一方面侵蚀产物填充于钢纤维与高掺量粉煤灰 SCC 界面的孔隙中，提高了界面致密性，断裂韧度和峰值荷载出现略有升高。

9.2.3　硫酸盐侵蚀对临界开口位移的影响

图 9-9 为侵蚀 30 次后粉煤灰和钢纤维掺量对 SCC 临界开口位移的影响。

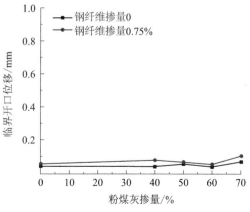

（a）粉煤灰掺量对临界开口位移的影响

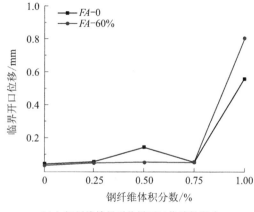

（b）钢纤维掺量对临界开口位移的影响

图 9-9　侵蚀 30 次后粉煤灰和钢纤维掺量对 SCC 临界开口位移的影响

由表 9-3 和图 9-9（a）可知：钢纤维掺量 0 和掺量 0.75%SCC 的临界开口位移随粉煤灰掺量的增加整体呈先降低后增加的趋势，均在粉煤灰掺量 70% 时达到最大值，较未掺粉煤灰组分别提高 55% 和 78%。由表 9-3 和图 9-9（b）可知：粉煤灰掺量 0 和 60%SCC 的临界开口位移均随钢纤维掺量的增加而提高，钢纤维掺量小于 0.75% 时，钢纤维对临界开口位移的改善效果并不显著，掺量大于 0.75% 时，临界开口位移大幅增加，钢纤维体积分数 1.00% 时的临界开口位移较未掺钢纤维 SCC 分别提高约 11 倍和 19 倍。

由表 9-3 可知：所有 SCC 的临界开口位移经硫酸盐侵蚀后整体均出现降低。钢纤维掺量 0 的 SCC 临界开口位移降低速率随粉煤灰掺量的增加先增加降低。钢纤维掺量 0.75%SCC 的临界开口位移降低速率随粉煤灰取代率的增加先降低后增加，粉煤灰掺量 60% 时，降低速率最低。

硫酸盐侵蚀 30 次后，侵蚀产物产生的膨胀应力致使纤维之间的间距变大，且与基体间的粘结力减弱，当钢纤维体积分数较低时，纤维之间间距较大，极易被拉出，从而降低了高掺量粉煤灰 SCC 的临界开口位移，当钢纤维体积分数继续增加，钢纤维在承担部分侵蚀产物的膨胀应力时彼此间小间距搭接在一起不易被拉出，因此临界开口位移又出现提高迹象。

9.2.4 硫酸盐侵蚀对断裂能的影响

依据图 9-6 硫酸盐侵蚀 30 次后钢纤维增强高掺量粉煤灰 SCC 带切口三点弯曲梁的试验结果计算断裂能，计算结果见表 9-4。

硫酸盐侵蚀后 SCC 断裂能计算结果 表 9-4

编号	$W_0/\text{N·m}$	m/kg	δ_0/m	$G_\text{F}/(\text{N/m})$	侵蚀前 $G_\text{F}/(\text{N/m})$
SCC-0-0	0.938	9.75	0.57×10^{-3}	165.6	237.7
SCC-0-0.25	5.912	9.70	3.0×10^{-3}	1066.2	1360.9
SCC-0-0.50	14.176	9.80	5.0×10^{-3}	2444.3	2883
SCC-0-0.75	14.393	9.65	5.0×10^{-3}	2479.2	6373.7
SCC-0-1.00	26.686	9.90	5.0×10^{-3}	4530.2	7360.4
SCC-40-0	1.468	9.80	0.57×10^{-3}	254.0	261.8
SCC-40-0.75	19.566	9.95	5.0×10^{-3}	3343.9	3947.3

续表

编号	$W_0/\text{N}\cdot\text{m}$	m/kg	δ_0/m	$G_\text{F}/(\text{N/m})$	侵蚀前 $G_\text{F}/(\text{N/m})$
SCC-50-0	1.258	9.70	0.57×10^{-3}	218.9	198.2
SCC-50-0.75	17.915	9.75	5.0×10^{-3}	3067.1	6001.7
SCC-60-0	1.127	9.65	0.57×10^{-3}	197.0	247.6
SCC-60-0.25	9.118	9.65	5.0×10^{-3}	1600.1	1392.5
SCC-60-0.50	13.984	9.70	5.0×10^{-3}	2411.5	3750.2
SCC-60-0.75	20.988	9.80	5.0×10^{-3}	3579.7	4832
SCC-60-1.00	34.132	9.75	5.0×10^{-3}	5769.9	4689.1
SCC-70-0	1.210	9.70	0.57×10^{-3}	210.9	279.6
SCC-70-0.75	13.094	9.75	5.0×10^{-3}	2263.6	7259

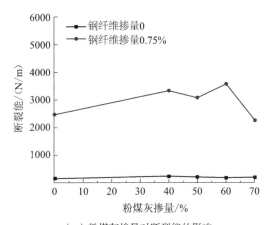

（a）粉煤灰掺量对断裂能的影响

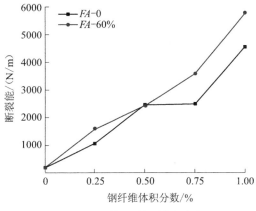

（b）钢纤维掺量对断裂能的影响

图 9-10　粉煤灰和钢纤维掺量对 SCC 断裂能的影响

图 9-10 为粉煤灰和钢纤维掺量对 SCC 断裂能的影响。由表 9-4 和图 9-10（a）可知：硫酸盐侵蚀 30 次后，钢纤维掺量 0 的 SCC 和钢纤维掺量 0.75%SCC 的断裂能均随粉煤灰掺量的增加先增加后降低，但前者的变化幅度不明显，在粉煤灰掺量 40% 时，达到最大值，后者在掺量 60% 时，达到最优值，且后者的断裂能较其相应未掺粉煤灰组提高 44%。由表 9-4 和图 9-10（b）可知，未掺粉煤灰和粉煤灰掺量 60%SCC 经硫酸盐侵蚀后的断裂能均随钢纤维掺量的增加而增加，且后者的改善效果比前者显著。

由表 9-4 可知：所有 SCC 硫酸盐侵蚀 30 次后的断裂能和侵蚀前均出现下降现象。粉煤灰和钢纤维掺量持续增加的过程中，断裂能下降的速率随其掺量的增加出现先降低后升高的现象。

粉煤灰的活性效应和形态效应使混凝土内部结构变得更加密实，降低材料内部可腐蚀的物质和侵蚀离子进入混凝土内部的通道，提高混凝土抵抗硫酸盐侵蚀的能力，掺量继续增加将导致水化产物的数量大量减少，内部结构的密实度降低，致使侵蚀物质进入内部变得更加容易，因此，适宜掺量的粉煤灰能改善硫酸盐侵蚀后混凝土的断裂能；钢纤维的增韧和阻裂作用虽能抑制裂缝的扩展速率，但硫酸盐侵蚀 30 次后，高掺量粉煤灰 SCC 的内部结构存在一定程度的侵蚀破坏，结构变得酥松多孔，钢纤维与基体间的粘结力大幅降低，导致钢纤维在结构受荷时极易被拉出，材料的弹塑性变形能力降低，因此钢纤维体积分数在 0.50%～0.75% 时，与侵蚀前相比出现降低。

9.3　本章小结

本书采用三点弯曲试验测定混凝土的断裂力学性能，通过测定试件的临界裂缝张开口位移、跨中挠度和峰值荷载，计算试件的断裂韧度、断裂能。系统分析了干湿循环硫酸盐侵蚀前后钢纤维增强高掺量粉煤灰 SCC 断裂力学性能的变化规律，以及粉煤灰和钢纤维掺量对 SCC 断裂力学性能的影响，基于试验研究得到如下结论：

（1）SCC 发生断裂时，裂缝首先在初始裂缝的尖端前缘局部区域开始发展，然后沿高度方向逐渐向上延伸。

（2）粉煤灰的掺入使 SCC 的承载力降低，同时使其脆性破坏特征更加显著，SCC 的 *F-CMOD* 曲线只有弹性阶段和裂缝失稳破坏阶段，而钢纤维的掺入明显提高了高掺量粉煤灰 SCC *F-CMOD* 曲线的饱满度，随钢纤维体积分数的增加，裂纹扩展阶段延长，裂缝失稳破坏阶段承载力速度下降；硫酸盐侵蚀 30 次后，仅钢纤维体积分数 1.00% 时的两组 SCC 的 *F-CMOD* 曲线具有和侵蚀前相同的三阶段发展趋势，其余试件的承载力比侵蚀前低，且曲线已不再具有裂缝稳定扩展阶段。

（3）干湿循环硫酸盐侵蚀前，粉煤灰的加入降低了 SCC 的断裂韧度和峰值荷载，且随粉煤灰掺量的增加表现出先增加后降低的现象，在掺量 60% 时达到最优值。随钢纤维掺量的增加先降低后增加，且对粉煤灰掺量 50%SCC 的改善效果更显著，未掺钢纤维 SCC 的临界开口位移随粉煤灰取代率的升高先升高后下降，粉煤灰取代率 40% 时，达到最大值，粉煤灰取代率的变化对未掺钢纤维 SCC 断裂能的影响较小。

（4）硫酸盐侵蚀 30 次后，未掺钢纤维和钢纤维掺量 0.75%SCC 的断裂韧度和峰值荷载随粉煤灰掺量的增加而降低，降低效果随粉煤灰掺量的增加而增加。断裂韧度和峰值荷载随钢纤维掺量的增加而增加，对粉煤灰 SCC 的改善效果比普通 SCC 的改善效果好。钢纤维掺量 0 和 0.75%SCC 的临界开口位移随粉煤灰掺量的增加呈先降低后增加的趋势；钢纤维掺量 0 的 SCC 和钢纤维掺量 0.75%SCC 的断裂能均随粉煤灰掺量的增加先增加后降低，但前者的变化幅度不明显。粉煤灰掺量 0 和 60%SCC 的临界开口位移和断裂能均随钢纤维掺量的增加而增加，钢纤维掺量小于 0.75% 时，变化趋势并不显著，掺量大于 0.75% 时，临界开口位移大幅增加，且后者的改善效果比前者显著。

（5）和硫酸盐侵蚀前相比，侵蚀后，未掺钢纤维 SCC 的断裂韧度和峰值荷载随粉煤灰掺量的增加先增加后降低，钢纤维掺量 0.75%SCC 的断裂韧度和峰值荷载随粉煤灰掺量的增加均降低。未掺粉煤灰 SCC 断裂韧度随钢纤维掺量的增加而增加，粉煤灰掺量 60%SCC 断裂韧度较侵蚀前有微小提高，钢纤维掺量 0.50%～0.75% 之间时，断裂韧度明显降低。所有 SCC 的临界开口位移经硫酸盐侵蚀后均出现降低。所有 SCC 硫酸盐侵蚀 30 次后的断裂能和侵蚀前均出现下降现象，粉煤灰和钢纤维掺量在持续增加的过程中，降低速率表现为随掺量的增加先降低后升高。

第 10 章 结论与展望

10.1 结论

本书依据《自密实混凝土应用技术规程》JGJ/T 283—2012，以坍落扩展度、T_{500} 和 J 环扩展度为工作性指标，配制 C40 级 FA-SCC、SF-SCC 和 SFFA-SCC，研究粉煤灰掺量（0、40%、50%、60%、70%）和钢纤维体积分数（0、0.25%、0.50%、0.75%、1.00%）对三种 SCC 工作性、干燥收缩性能、基本力学性能、轴压变形性能、抗氯离子渗透性能、抗碳化性能、抗硫酸盐侵蚀性能和硫酸盐侵蚀前后 SCC 的断裂力学性能的影响规律，得出以下结论：

（1）粉煤灰等量取代部分水泥后，改善了 FA-SCC 的流动性，但对拌合物间隙通过性的影响不明显。引入钢纤维后，SF-SCC 的工作性随钢纤维体积分数的增加显著降低，当钢纤维体积分数为 1.00% 时，其间隙通过性已不能满足相关规定要求。SFFA-SCC 的工作性能随钢纤维体积分数的增加逐渐降低，特别是对拌合物间隙通过性的影响最为显著，当钢纤维体积分数 1.00%，粉煤灰掺量 50%、60%、70% 时，间隙通过性已不能满足《自密实混凝土应用技术规程》JGJ/T 283—2012 中的相关要求，抗离析性能均得到不同程度的改善，因此，配制 SFFA-SCC 时，钢纤维体积分数的选择不宜超过 0.75%。

（2）FA-SCC、SF-SCC 和 SFFA-SCC 的早期（14d 内）干燥收缩性能均较后期（14d 后）变化明显，早期干缩率可以达到总干缩率的 70% 左右。和未掺粉煤灰试块相比，粉煤灰掺量大于 60% 时，干缩率减小。钢纤维的引入增强了 SF-SCC 的干燥收缩性能，但随钢纤维体积分数的改变，干缩率可以得到抑制。在粉煤灰和钢纤维的共同作用下，抑制了 SFFA-SCC 的干燥收缩性能。

（3）FA-SCC 的抗压强度和弹性模量随粉煤灰掺量的增加，均呈先增大后减小的趋势，当粉煤灰掺量 40% 时，其 28d 抗压强度和弹性模量最大，和 SCC-0-0 试件相比分别增加了 2% 和 19%；弯拉强度随粉煤灰掺量的增加而减小，当粉煤灰掺量 70% 时，和 SCC-0-0 试件相比，FA-SCC 的劈裂抗拉强度和抗折强度分别降低了 34% 和 46%。钢纤维对 SF-SCC 的抗压强度无明显影响，但显著增加了其弯拉强度，钢纤维体积分数 1.00% 时，劈裂抗拉强度和抗折强度较 SCC-0-0 分别提高了 61% 和 29%。钢纤维体积分数 0.50% 时，弹性模量最小。当粉煤灰掺量大于 40% 后，SFFA-SCC 的抗压强度较未掺钢纤维 SCC 增强，弯拉强度得到显著改善，粉煤灰掺量 50%，钢纤维体积分数 1.00% 时，SFFA-SCC 的劈裂抗拉强度和抗折强度均达到最大，除粉煤灰掺量 50% 外，SFFA-SCC 的弹性模量随钢纤维体积分数的增加呈先增后减的趋势，钢纤维体积分数 0.25% 时弹性模量值最大。

（4）轴压变形性能在改变粉煤灰掺量和钢纤维体积分数条件下均得到一定程度改善。随着粉煤灰掺量的增加，FA-SCC 的应变能和相对韧性呈先增加后减小的趋势，但均高于未掺粉煤灰 SCC，当粉煤灰掺量为 50% 时，FA-SCC 的应变能和相对韧性均最高，分别为 $95.60N \cdot m$ 和 1.30×10^{-3}，相对于 SCC-0-0 分别提高了 99% 和 128%。钢纤维的引入显著改善了 SF-SCC 的应变能和相对韧性，当钢纤维体积分数为 1.00% 时，其应变能和相对韧性较 SCC-0-0 分别提高了 83% 和 40%。SFFA-SCC 的应变能和相对韧性在粉煤灰掺量 40% 和 50% 时得到显著改善，SCC-40-0.50 试件的应变能和相对韧性较 SCC-40-0 提高了 55% 和 50%，SCC-50-0.75 试件的应变能较 SCC-50-0 提高了 18%，粉煤灰掺量 60% 时，钢纤维对其应变能和相对韧性的改善效果不明显，掺量达到 70% 时钢纤维甚至对其应变能和相对韧性起到消极影响，其应变能小于 SCC-70-0。因此，选取合适的粉煤灰掺量和钢纤维体积分数对 SFFA-SCC 轴压变形性能是必要的。

（5）SCC 的电通量随粉煤灰取代率的升高表现为先降低后升高。掺量 40% 时，电通量达到最小值 89C，属于可以忽略的渗透水平，增加粉煤灰掺量，电通量开始增大，粉煤灰掺量越高，电通量越高，但远远低于极低渗透水平界限。SCC 的孔隙率随粉煤灰掺量的增加整体呈增加趋势。40% 掺量混凝土内部最密实，且存在极少连通的孔，因此适宜掺量（40%）的粉煤灰能改善 SCC 的抗氯离子渗透性能，综合分析孔结构分形维数和孔隙连通性更能准确预测 SCC 的抗渗性能。

（6）粉煤灰的掺入降低了 SCC 的抗碳化能力，而未掺粉煤灰的 SCC 具有较好的抗碳化能力，碳化深度在碳化过程中始终为 0。粉煤灰 SCC 的碳化深度随碳化龄期的增加而增加，碳化前期的增加速率比碳化后期快，且粉煤灰掺量越高，速率越大，在粉煤灰掺量 70% 且碳化 28d 后，碳化深度达到最大值 12.26mm。基准 SCC 抗压强度随碳化龄期的增长先降低后升高，在碳化 7d 时达到最低值；高掺量粉煤灰 SCC-40 抗压强度随碳化龄期的增长基本呈降低趋势；粉煤灰掺量 50%、60%、70% 时相应抗压强度最低值出现的时间不断提前。且碳化前，粉煤灰 40% SCC 的抗压强度达到最优，掺量继续增加会降低 SCC 的抗压强度。

（7）适宜粉煤灰掺量（40%）和钢纤维体积分数（0.75%）下，SCC 的抗硫酸盐侵蚀性能得到一定程度改善。随粉煤灰掺量的增加，各评价指标均表现为先升高后降低的现象。钢纤维的引入优化了材料抵侵蚀的能力，且优化效果与粉煤灰取代率呈正相关，侵蚀 15 次，粉煤灰 40%、钢纤维 0.75% 时，评价指标均达到峰值。

（8）硫酸盐侵蚀试验前，SCC 断裂韧度和峰值荷载随粉煤灰和钢纤维掺量的增加先降低后增加，粉煤灰掺量 50%、钢纤维掺量 0.75% 时，峰值荷载和断裂韧度性能最优，比未掺粉煤灰且钢纤维掺量 0.25% 时提高了 2.2 倍；粉煤灰掺量的持续增加使钢纤维掺量 0.75% SCC 的临界开口位移和断裂能先下降后升高，而随钢纤维掺量的持续增加而不断升高，在粉煤灰 0、钢纤维 1.00% 时临界开口位移达到最优值，比其未掺钢纤维时提高 25 倍。硫酸盐侵蚀 30 次后，SCC 断裂韧度、峰值荷载临界开口位移和断裂能均随粉煤灰掺量的增加先增加后降低，随钢纤维掺量的增加而增加。断裂韧度和峰值荷载经硫酸盐侵蚀后先增加后降低，变化速率随粉煤灰和钢纤维掺量的增加先增加后降低，断裂韧度在粉煤灰 50%、钢纤维掺量 0.75% 时达到最大变化速率 57%；断裂能和临界开口位移经硫酸盐侵蚀后均下降，粉煤灰掺量的持续增加使其下降速率先减缓而后加快，而钢纤维掺量的增加使其加快，在粉煤灰 40% 时断裂能的变化速率达到最低值 3%，粉煤灰 70%、钢纤维 0.75% 时达到最大值 69%。

10.2 展望

国内外对 SCC 的研究已取得丰富的探究成果，但 SCC 存在胶凝材料用量大、成本高、收缩大等问题，因此，找到适宜的替代胶凝材料等量或过量取代水泥的研究是相当必要的。粉煤灰在 SCC 中的应用，不仅能够改善 SCC 的物理力学性能，而且符合建筑材料和建筑业的绿色可持续的发展理念。纤维是改善混凝土增强、增韧作用的有效途径之一，对改善 SCC 物理力学性能也不例外，因此，对纤维增强 SCC 的研究也是目前的热门研究方向之一，选取不同类型、长径比和弹性模量的纤维对 SCC 的研究是必要的。

本书选用粉煤灰作为替代胶凝材料，钢纤维作为增强、增韧的途径，系统研究了 FA-SCC、SF-SCC 和 SFFA-SCC 的物理力学性能，但这只是相关研究的一部分。事实上，要实现 SFFA-SCC 在实际工程中的推广和应用，仍有一些问题亟待解决：

（1）粉煤灰掺量的变化对 SCC 微观孔结构、水化产物形貌和耐久性能影响规律的研究有待系统深入展开。粉煤灰作为单一的掺合料量引入 SCC 体系，由于其自身在颗粒组成上的单一性会引起体系颗粒堆积的棚架效应，进而影响 SCC 的密实性、力学性能和变形性能，需要探索不同颗粒级配的混合材料作为掺合料或填充料改善 SCC 的物理力学性能。

（2）SCC 凭借自身优异的工作性能、力学性能和耐久性能得到了越来越多的关注和应用，随混凝土高强化发展的趋势，有必要系统研究高强 SCC 的耐久性能；且在实际使用过程中，往往经受多因素同时作用的破坏，需要探索两种及以上环境作用的严苛条件下 SCC 以及高强 SCC 耐久性发展规律。

（3）粉煤灰前期活性不易激发，且过多掺量的单一粉煤灰颗粒容易堆积形成棚架效应，影响混凝土的密实性和耐久性能，需要探究多元矿物掺合料共同作用对 SCC 耐久性能的影响。

（4）钢纤维的引入对 SCC 的工作性能影响较为显著，低弹性模量纤维，如：聚丙烯纤维、聚乙烯醇纤维等对 SCC 的工作性、力学性能和耐久性能的影响仍需要系统研究。钢纤维对 SCC 断裂性能的影响比较显著，但仍需要探究钢纤维的不同形状、不同长细比对 SCC 断裂性能的影响以及与其他纤维混掺的改善效果。

参考文献

［1］刘运华，谢友均，龙广成. 自密实混凝土研究进展［J］. 硅酸盐学报，2007，35（5）：671-678.

［2］杨久俊，刘俊霞，韩静宜，等. 大流动度超高强钢纤维混凝土力学性能研究［J］. 建筑材料学报，2010，13（1）：1-6.

［3］Okamura Hajime，Ouchi Masahiro. Self-compacting concrete：development，present use and future［A］. In：Skarendahl A，Petersson O eds. Proceedings of 1st International RILEM Symposium on Self-Compacting Concrete［C］. Paris：RILEM Publication SARL，1999. 3-14.

［4］Ozawa K，Maekawa K，Kunishima M，et al. Development of high performance concrete based on the durability design of concrete structures［A］. The Second East-Asia and Pacific Concrete on Structural Engineering and Construction（EASEC-2）［C］，Tokyo，Japan，1989. 445-450.

［5］祝雯，王海龙. 自密实混凝土工作性能影响因素分析与评价［J］. 混凝土，2010，（12）：31-34.

［6］徐杰，叶燕华，朱铁梅，等. 胶凝材料对自密实混凝土工作性能的影响［J］. 南京工业大学学报（自然科学版），2013，35（5）：76-80.

［7］刘焕强，陈希，盖占方. 集料对自密实混凝土工作性能的影响［J］. 华北水利水电大学学报（自然科学版），2012，33（1）：37-39.

［8］徐卢俊，叶燕华，李炎，等. 自密实混凝土流动性能与抗离析性能数值分析［J］. 混凝土，2016，（11）：109-111.

［9］李宁，叶燕华，陈丽华，等. 自密实混凝土正交试验及工作性能测试方法研究［J］. 混凝土，2011，（10）：93-95.

［10］侯景鹏，冯敏. 自密实混凝土技术及其工作性能测试方法［J］. 混凝土，2009，（1）：94-95.

［11］维蓉，刘贞鹏，张忠明，等. 自密实混凝土的特点及性能研究综述［J］.

混凝土，2014，（1）：108-110.

［12］祝雯. 自密实混凝土早期收缩开裂影响因素分析与评价［J］. 混凝土，2008，（10）：45-49.

［13］李书进，钱红萍，厉见芬. HCSA膨胀剂对自密实混凝土早期收缩的影响［J］. 混凝土与水泥制品，2014，（11）：21-24.

［14］Massimiliano Bocciarelli，Sara Cattaneo，Riccardo Ferrari，et al. Long-term behavior of self-compacting and normal vibrated concrete：Experiments and code predictions［J］. Construction and Building Materials，2018，168（4）：650-659.

［15］Popple A M，De Schutter G. Creep and shrinkage of self-compacting concrete//Yu Z，Shi C，Khayat H，et al. SCC2005 China：1st International Symposinm on Design，Performance and use of self-consol：dating concrete，May 25-27，2005，Beijing. Bagneux：RILEM Publications，2005：329-336.

［16］Loser R，Leemann. Shrinkage and restrained shrinkage cracking of self-compacting concrete compared to conventionally vibrated concrete［J］. Materials and Structures. 2009，42（1）：71-82.

［17］殷艳春，王宁，林怀立，等. 板式轨道充填层高性能自密实混凝土的性能研究［J］. 混凝土，2016，（12）：107-110.

［18］徐欢，刘清，何原野，等. 粗骨料（卵石）对自密实混凝土性能影响试验研究［J］. 工业建筑，2015，45（5）：97-101.

［19］刘勇. 粗骨料及胶凝材料用量对自密实混凝土性能影响的研究［D］. 青岛：山东科技大学，2017.

［20］孟志良，孙建恒，梁静. 低强度自密实混凝土基本力学性能试验研究［J］. 混凝土，2009，（6）：12-15.

［21］李化建，黄法礼，谭盐宾，等. 自密实混凝土力学性能研究［J］. 硅酸盐通报，2016，35（5）：1343-1348.

［22］刘斯凤，徐勇，王培铭. 减水剂过掺对C30混凝土性能影响［J］. 混凝土，2013，（2）：72-74.

［23］孟志良，李国宇，马晓伟，等. 膨胀剂对自密实混凝土力学性能影响［J］. 混凝土，2013，（5）：89-92.

［24］胡琼，颜伟华，郑文忠. 自密实混凝土基本力学性能试验研究［J］. 工

业建筑，2008，38（10）：90-93．

[25] 金南国，金贤玉，黄晓峰，等．自密实混凝土断裂性能的试验研究 [J]．浙江大学学报（工学版），2009，43（2）：366-369．

[26] Felekoglu B，Turkel S，Baradan B．Effect of water/cement ratio on the fresh and hardened properties of self-compacting concrete [J]．Building and Environment，2007，42（4）：1795-1802．

[27] Domone PL．A review of the hardened mechanical properties of self-compacting concrete [J]．Cement & Concrete Composites，2007，29（1）：1-12．

[28] Farhad Aslani，Shami Nejadi．Mechanical properties of conventional and self-compacting concrete：An analytical study [J]．Construction and Building Materials，2012，36（11）：330-347．

[29] W. S. Alyhya，M. S. Abo Dhaheer，M. M. Al-Rubaye，et al．Influence of mix composition and strength on the fracture properties of self-compacting concrete [J]．Construction and Building Materials，2016，110（5）：312-322．

[30] 黄维蓉，郭桂香．粉煤灰掺量对 C30 自密实混凝土的影响 [J]．混凝土，2015（4）：119-122．

[31] 顾晓彬，刘磊，高海浪，等．粉煤灰－矿粉胶凝体系对 CRTS Ⅲ型板自密实混凝土工作性影响机理研究 [J]．混凝土与水泥制品，2019，（2）：36-39．

[32] 徐仁崇．大掺量矿物掺合料 C25 自密实混凝土的配制与应用 [J]．新型建筑材料，2017，44（9）：9-11．

[33] Kemal Celik，Cagla Meral，A. Petek Gursel，et al．Mechanical properties，durability，and life-cycle assessment of self-consolidating concrete mixtures made with blended portland cements containing fly ash and limestone powder [J]．Cement & Concrete Composites，2015，56（2）：59-72．

[34] P. R. Matos，Maiara Foiato，Luiz Roberto Prudêncio Jr．Ecological，fresh state and long-term mechanical properties of high-volume fly ash high-performance self-compacting concrete [J]．Construction and Building Materials，2019，203（4）：282-293．

[35] Mostafa Jalal，Alireza Pouladkhan，Omid Fasihi Harandi，et al．Comparative study on effects of Class F fly ash，nano silica and silica fume on properties of

high performance self compacting concrete［J］. Construction and Building Materials，2015，94（9）：90−104.

［36］P. Dinakar，M. Kartik Reddy，Mudit Sharma. Behaviour of self compacting concrete using Portland pozzolana cement with different levels of fly ash［J］. Materials & Design，2013，46（4）：609−616.

［37］崔海霞. 中低强度自密实混凝土干缩与化学结合水的关系研究［J］. 混凝土，2009，（8）：30−32.

［38］王国杰，郑建岚. 自密实混凝土收缩试验研究及收缩模型的建立［J］. 福州大学学报（自然科学版），2014，42（6）：923−929.

［39］Stefanus A Kristiawan，M Taib M Aditya. Effect of High Volume Fly Ash on Shrinkage of Self-compacting Concrete［J］. Procedia Engineering，2015，125：705−712.

［40］Jamila M. Abdalhmid，A. F. Ashour，T. Sheehan. Long-term drying shrinkage of self-compacting concrete：Experimental and analytical investigations［J］. Construction and Building Materials，2019，202（3）：825−837.

［41］J. M. Khatib. Performance of self-compacting concrete containing fly ash［J］. Construction and Building Materials，2008，22（9）：1963−1971.

［42］Erhan Güneyisi，Mehmet Gesog˘lu，Erdog˘an Özbay. Strength and drying shrinkage properties of self-compacting concretes incorporating multi-system blended mineral admixtures［J］. Construction and Building Materials，2010，24（10）：1878−1887.

［43］Mustafa Sahmaran，Mohamed Lachemi，Tahir K. Erdem，et al. Use of spent foundry sand and fly ash for the development of green self-consolidating concrete［J］. Materials and Structures，2011，44（7）：1193−1204.

［44］周玲珠，郑愚，罗远彬，等. 高粉煤灰掺量自密实混凝土性能研究［J］. 混凝土，2017，（11）：63−67.

［45］史星祥，刘远祥，濮琦，等. 高效减水剂和粉煤灰对自密实混凝土性能的影响［J］. 混凝土与水泥制品，2017，（12）：14−18.

［46］Hui Zhao，Wei Sun，Xiaoming Wu，et al. The properties of the self-compacting concrete with fly ash and ground granulated blast furnace slag mineral admixtures［J］. Journal of Cleaner Production，2015，95（5）：66−74.

［47］Rafat Siddique．Properties of self-compacting concrete containing class F fly ash［J］．Materials & Design，2011，32（3）：1501-1507．

［48］Gritsada Sua-iam，Natt Makul．Utilization of high volumes of unprocessed lignite-coal fly ash and rice husk ash in self-consolidating concrete［J］．Journal of Cleaner Production，2014，78（9）：184-194．

［49］J. Guru Jawahar，C. Sashidhar，I. V. Ramana Reddy，et al．Micro and macrolevel properties of fly ash blended self compacting concrete［J］．Materials & Design，2013，46（4）：696-705．

［50］W. Wongkeo，P. Thongsanitgarn，A. Ngamjarurojana，et al．Compressive strength and chloride resistance of self-compacting concrete containing high level fly ash and silica fume［J］．Materials & Design，2014，64（12）：261-269．

［51］Mostafa Jalal，Ali A. Ramezanianpour，Morteza Khazaei Pool．Split tensile strength of binary blended self compacting concrete containing low volume fly ash and TiO2 nanoparticles［J］．Composites：Part B，2013，55（12）：324-337．

［52］Katherine Kuder，Dawn Lehman，Jeffrey Berman，et al．Mechanical properties of self consolidating concrete blended with high volumes of fly ash and slag［J］．Construction and Building Materials，2012，34（9）：285-295．

［53］Stefanus A. Kristiawan，Agung P. Nugroho．Creep Behaviour of Self-compacting Concrete Incorporating High Volume Fly Ash and its Effect on the Long-term Deflection of Reinforced Concrete Beam［J］．Procedia Engineering，2017，171：715-724．

［54］刘运华. 自密实混凝土制备原理与应用技术研究［D］. 长沙：中南大学，2008.

［55］张春晓，蔡灿柳，丁庆军. 钢纤维自密实混凝土抗离析性能试验研究［J］. 施工技术，2011，40（11）：48-50.

［56］赵燕茹，郝松，高明宝，等. 钢纤维自密实混凝土工作性能及抗压强度试验研究［J］. 施工技术，2017，46（3）：61-64.

［57］周世康，谢生华，康梦安. 基于正交试验的钢纤维自密实混凝土配合比

设计［J］．华北水利水电大学学报（自然科学版），2019，40（2）：70-76.

［58］王冲，林鸿斌，杨长辉，等．钢纤维自密实高强混凝土的制备技术［J］．土木建筑与环境 工程，2013，35（2）：129-134.

［59］Faiz Sulthan，Saloma．Influence of Hooked-EndSteel Fibers on Fresh and Hardened Properties of Steel Fiber Reinforcement Self-Compacting Concrete（SFRSCC）［J］．Journal of Physics：Conference Series，2019，1198（3）：1-11.

［60］Salem G. Nehme，Roland László，Abdulkader El Mir．Mechanical Performance of Steel Fiber Reinforced Self-compacting Concrete in Panels［J］．Procedia Engineering，2017，196：90-96.

［61］Burcu Akcay，Mehmet Ali Tasdemir．Mechanical behaviour and fibre dispersion of hybrid steel fibre reinforced self-compacting concrete［J］．Construction and Building Materials，2012，28（1）：287-293.

［62］李书进，钱红萍，徐铮澄．纤维自密实混凝土早期收缩及阻裂特性研究［J］．硅酸盐通报，2014，33（12）：3140-3144.

［63］凡有纪．自密实钢纤维混凝土收缩徐变性能试验研究［D］．郑州：华北水利水电大学，2017.

［64］高丹盈，蔡怀森，袁媛，等．钢纤维自密实混凝土抗压性能试验研究［J］．郑州大学学报（工学版），2006，27（2）：1-4.

［65］刘思国，刘军其，姜恒志，等．钢纤维自密实混凝土抗压强度估值模型［J］．混凝土，2012，（8）：97-99.

［66］蔡灿柳，徐加先，张福明．钢纤维自密实混凝土性能试验研究［J］．防护工程，2013，35（5）：25-29.

［67］龙武剑，林汉鑫，陈振荣，等．纤维对自密实混凝土力学性能影响的研究［J］．混凝土，2014，（5）：60-63.

［68］罗素蓉，李豪．纤维自密实混凝土力学性能及早期抗裂性能研究［J］．广西大学学报（自然科学版），2010，35（6）：901-907.

［69］曾翠云，李庆来，陈兵．自密实钢纤维超高强混凝土试验［J］．土木工程与管理学报，2017，34（2）：29-32.

［70］周继业．纤维自密实混凝土的性能试验研究与数值模拟［D］．天津：天津大学，2017.

［71］蔡影. 钢纤维自密实混凝土的配制及性能研究［D］. 重庆：重庆交通大学，2018.

［72］尤志国，付秀艳，周云龙，等. 钢纤维混凝土抗弯性能及断面处纤维分布规律研究［J］. 工业建筑，2017，47（2）：123-127.

［73］丁一宁，刘思国. 钢纤维自密实混凝土弯曲韧性和剪切韧性试验研究［J］. 土木工程学报，2010，43（11）：55-63.

［74］N Majain，A B A Rahman，R N Mohamed，et al. Effect of steel fibers on self-compacting concrete slump flow and compressive strength［J］. IOP Conference Series：Materials Science and Engineering，2019，513（1）：1-8.

［75］Rafat Siddique，Gurwinder Kaur，Kunal. Strength and permeation properties of self-compacting concrete containing fly ash and hooked steel fibres［J］. Construction and Building Materials，2016，103（1）：15-22.

［76］Alireza Khaloo，Elias Molaei Raisi，Payam Hosseini，et al. Mechanical performance of self-compacting concrete reinforced with steel fibers［J］. Construction and Building Materials，2014，51（1）：179-186.

［77］Mohammad Ghasemi，Mohammad Reza Ghasemi，Seyed Roohollah Mousavi. Investigating the effects of maximum aggregate size on self-compacting steel fiber reinforced concrete fracture parameters［J］. Construction and Building Materials，2018，162（2）：674-682.

［78］李晟文，李果. 不同养护龄期矿物掺合料自密实混凝土碳化性能试验［J］. 混凝土，2019，（3）：27-29.

［79］黎鹏平，刘行，范志宏. 满足100年耐久性设计的自密实海工高性能混凝土寿命评价技术研究［J］. 混凝土，2015，（2）：46-49.

［80］刘浩喆. 玄武岩-聚丙烯混杂纤维混凝土抗氯离子渗透性能试验研究［D］. 哈尔滨：哈尔滨工程大学，2017.

［81］谢友均，马昆林，龙广成，等. 矿物掺合料对混凝土中氯离子渗透性能的影响［J］. 硅酸盐学报，2006，34（11）：1345-1350.

［82］刘增旭，邓国兵，许正科. 道岔板底座C40自密实混凝土试验研究［J］. 混凝土与水泥制品，2014，（1）：15-19.

［83］徐仁崇，陈茜，苏艺凡，等. C30～C60自密实混凝土的配置及性能研究

［J］. 混凝土与水泥制品，2014，（2）：9-12.

［84］谭盐宾，谢永江，李化建，等. 高速铁路 CRTS Ⅲ 型板式无砟轨道自密实混凝土性能研究［J］. 铁道建筑，2015，（1）：132-136.

［85］陈春珍，张金喜，徐金良，等. 自密实混凝土与普通混凝土抗氯离子渗透性对比试验研究［J］. 公路，2011，（6）：150-153.

［86］徐祥伟. 混杂纤维自密实混凝土力学性能及耐久性能研究［D］. 深圳：深圳大学，2015.

［87］Safeer Abbas, Ahmed M. Soliman, Moncef L. et al. Exploring mechanical and durability properties of ultra-high performance concrete incorporating various steel fiber lengths and doasges［J］. Construction and Building Materials，2015，75：429-441.

［88］V. R. Sivakumar, O. R. Kavitha, G. Prince Arulraj, et al. An experimental study on combined effects of glass fiber and Metakaolin on the rheological, mechanical, and durability properties of self-compacting concrete［J］. Applied Glay Science，2017，147：123-127.

［89］Yihong Guo, Xinyu Hu, Jianfu Lv. Experimental study on the resistance of basalt fiber-reinforced concrete to chloride penetration［J］. Construction and Building Materials，2019，223：142-155.

［90］袁启涛，唐玉超，罗作球，等. C70 微珠自密实混凝土性能研究及作用机理分析［J］. 混凝土，2014，（11）：118-123，131.

［91］谢丽霞，闫红强，夏志远. 大理石抛光粉制备低强度等级自密实混凝土的试验研究［J］. 混凝土，2012，（12）：84-86.

［92］Kaizhi Liu, Zhonghe Shui, Tao Sun, et al. Effects of combined expansive agents and supplementary cementitious materials on the mechanical properties, shrinkage and chloride penetration of self-compacting concrete［J］. Construction and Building Materials，2019，211：120-129.

［93］葛元飞. 氯盐侵蚀混凝土过程的精细化数值模拟与试验研究［D］. 南京：东南大学，2017.

［94］缪汉良，杜艳静，朱国平，等. 外加剂及矿物掺合料对自密实混凝土耐久性的影响［J］. 建筑技术，2009，40（1）：74-77.

［95］Dinakar P，Babu KG，Santhanam M. Durability properties of high volume fly ash self-compacting concretes［J］. Cement Concrete Composites，2008，30（10）：880-886.

［96］王建华，姜弘道. 多因素作用下钢纤维自密实混凝土的中性化研究［J］. 南京航空航天大学学报，2013，45（2）：260-265.

［97］张立群，穆柏林，孙婧，等. 冻融和碳化共同作用下硅灰自密实混凝土耐久性试验研究［J］. 混凝土，2019，（11）：90-93.

［98］王海娜，金南国，王科元. 自密实混凝土抗氯离子渗透性及碳化性能研究［J］. 混凝土，2010，（4）：37-38，44.

［99］Navdeep Singh M. E.，SP Singh. Carbonation resistance and microstructural analysis of Low and High Volume Fly Ash Self Compacting Concrete containing Recycled Concrete Aggregates［J］. Construction and Building Materials，2016，127（30）：828-842.

［100］RahulSharma，Rizwan A. Khan. Influence of copper slag and metakaolin on the durability of self-compacting concrete［J］. Journal of Cleaner Production，2018，171：1171-1186.

［101］李晟文，李果. 矿物掺合料自密实混凝土碳化性能试验［J］. 建筑结构，2018，48（S2）：664-666.

［102］董健苗，马发林，王亚东，等. 掺剑麻纤维和聚丙烯纤维自密实轻骨料混凝土抗碳化性能研究［J］. 混凝土与水泥制品，2018，（3）：51-53.

［103］黄凯健，李国芬，王元纲，等. 桥梁钢-混结合段用高强自密实钢纤维混凝土性能研究［J］. 武汉理工大学，2013，35（6）：107-111，116.

［104］姚海波. 掺复合型掺合料自密实混凝土钢纤维性能的研究［D］. 南京：南京林业大学，2013.

［105］Jian Gong，Jian Cao，Yuan-feng Wang. Effect of sulfate attack and dry-wet circulation on creep of fly-ash slag concrete［J］. Construction and Building Materials，2016，125：12-20.

［106］陈宏辉. 早期湿养护不充分条件下混凝土抗盐渍土侵蚀性能研究［D］. 北京：清华大学，2018.

［107］李福青. 纤维高强自密实混凝土盐腐蚀性能研究［D］. 大连：大连交通大学，2015.

［108］Zengqi Zhang，Qiang Wang，Honghui Chen，et al. Influence of the initial moist curing time on the sulfate attack resistance of concretes with different binders ［J］. Construction and Building Materials，2017，144：541-551.

［109］T. Chiker，S. Aggoun，H. Houari，et al. Sodium sulfate and alternative combined sulfate/chloride action on ordinary and self-consolidating PLC-based concretes ［J］. Construction and Building Materials，2016，106：342-348.

［110］何军拥，田承宇，吴永明. 硫酸盐侵蚀下自密实混凝土的性能分析 ［J］. 水运工程，2014，（8）：56-60.

［111］傅强，牛荻涛，谢友均，等. 橡胶集料自密实混凝土的抗硫酸盐侵蚀性能 ［J］. 建筑材料学报，2017，20（3）：359-365.

［112］K. Aarthi，K. Arunachalam. Durability studies on fiber reinforced self-compacting concrete with sustainable wastes ［J］. Journal of Cleaner Production，2018，174：247-255.

［113］Anhad Singh Gill，Rafat Siddique. Durability properties of self-compacting concrete incorporating metakaolin and rice husk ash ［J］. Construction and Building Materials，2018，176：323-332.

［114］邓宗才. 混杂纤维增强高性能混凝土弯曲韧性与评价方法 ［J］. 复合材料学报，2016，33（6）：1274-1280.

［115］Zhu Y P，Zhang Y，Hussein H H，et al. Flexural strengthening of reinforced concrete beams or slabs using ultra-high performance concrete （UHPC）：A state of the art review ［J］，Engineering Structures，2020，205：110035.

［116］范向前，胡少伟，朱海棠，等. 非标准钢筋混凝土三点弯曲梁双 K 断裂特性 ［J］. 建筑材料学报，2015，18（5）：733-736，762.

［117］徐世烺，赵国潘. 混凝土结构裂缝扩展的双 K 断裂准则 ［J］. 土木工程学报，1992，（2）：32-38.

［118］何小兵，申强. PP 纤维自密实混凝土早期强度特性与断裂性能 ［J］. 华中科技大学学报（自然科学版），2013，41（3）：115-121.

［119］何小兵，曹勇. 聚丙烯膜裂纤维自密实混凝土力学参数及其相关关系 ［J］. 应用基础与工程学学报，2014，22（3）：501-511.

［120］José D. Ríos，Jesús Mínguez，Antonio Martínez-De La Concha，et al. Microstructural analyses of the addition of PP fibers on the fracture properties of high-strength self-compacting concrete by X-ray computed tomography [J]. Construction and Building Materials，2020，261：120499.

[121] 龙广成，刘赫，刘昊. 充填层自密实混凝土力学性能 [J]. 硅酸盐通报，2017，36（12）：3964-3970.

[122] 罗素蓉，李豪. 纤维自密实混凝土断裂能试验研究 [J]. 工程力学，2010，（12）：119-123.

[123] Khalid B. Najim，Abdulrahman Saeb，Zaid Al-Azzawi. Structural behaviour and fracture energy of recycled steel fiber self-compacting reinforced concrete beams [J]. Journal of Building Engineering，2018，17：174-182.

[124] 吴熙，付腾飞，吴智敏. 自密实轻骨料混凝土的双 K 断裂参数和断裂能试验研究 [J]. 工程力学，2010，（S2）：249-254.

[125] 黄晓峰. 自密实混凝土抗裂及断裂性能的试验研究 [D]. 杭州：浙江大学，2007.

[126] 罗素蓉，林凯斌. 矿物掺合料对自密实混凝土双 K 断裂参数的影响 [J]. 水力发电学报，2017，8（36）：104-112.